态度

决定一切

张艳玲◎编著

民主与建设出版社

©民主与建设出版社，2018

图书在版编目（CIP）数据

态度决定一切 / 张艳玲编著. — 北京：民主与建设出版社， 2017.8
ISBN 978-7-5139-1633-2

Ⅰ.①态… Ⅱ.①张… Ⅲ.①成功心理 – 通俗读物
Ⅳ.①B848.4–49

中国版本图书馆CIP数据核字（2017）第162496号

态度决定一切
TAIDU JUEDING YIQIE

出 版 人：许久文
编　　著：张艳玲
责任编辑：王　倩
出版发行：民主与建设出版社有限责任公司
电　　话：（010）59419778　59417747
社　　址：北京市海淀区西三环中路10号望海楼E座7层
邮　　编：100142
印　　刷：三河市天润建兴印务有限公司
版　　次：2017年10月第1版
印　　次：2018年4月第2次印刷
开　　本：710mm×1000mm　1/16
印　　张：15
字　　数：130千字
书　　号：ISBN 978-7-5139-1633-2
定　　价：36.80元

注：如有印、装质量问题，请与出版社联系。

前　言
PREFACE

　　一位哲人曾经说过："人生所有的能力都必须排在态度之后。"在态度的驱使下，我们常常能激发自身的无限潜能，而这种潜能如果能被正确地用在生活、学习、工作中，结果会大大超出我们的期待。有人说，就算我们失去了一切，但至少我们还能以踏实的态度去生活。的确，态度永远是你成功的基石，它能够承载能力，也可以为能力导航。

　　前国家足球队教练米卢有句座右铭"Attitude is everything"，几乎每次训练课上他都会戴着写有这句话的帽子出现在队员和记者面前，他用自己的实际行动给球队和外界灌输着这一思想。这句话翻译成中文，即"态度决定一切"，分析起来有两层意思：一是有好的态度才能有好的结果，二是没有好的态度就不会有好的结果。其实中国国家队的表现，就是这句话最好的证明。当初，米卢在任的时候，总是强调态度的重要性。他要各个队员摆正态度，踢"快乐足球"。正是凭着米卢的这句话，不断地激励着国家队的队员们，因此，中国队才能在44年后第一次进入世界杯的决赛阶段。暂且不说中国队在决赛阶段的

前 言
PREFACE

表现如何，米卢毕竟是创造了中国足球队的一次飞跃，这应该就是"好的态度达到好的结果"的最好证明吧。

其实，人与人之间只存在着很小的差别，但这种很小的差别却往往造成了人与人之间巨大的差异！因此，我们做任何事情都要持有积极的心态，成败的关键不在于客观因素，而在于我们做事的态度。也许客观的困难的确存在，但关键在于我们是直面困难、解决困难，还是回避困难、在困难面前放弃，这就是一个态度问题。鲁迅先生说过，"真的猛士，敢于直面惨淡的人生，敢于正视淋漓的鲜血"，只要我们在工作和生活中能以积极的态度面对困难，不被困难吓倒，就一定能够战胜一切，使自己成为一名生活和工作中胜利的勇士！

不同的态度，不同的命运，不同的命运取决于自己的选择。

目 录
CONTENTS

第三章

别让消极的态度误了你的一生

第四章

态度决定人生的高度

第五章

有超越自我的心态，就能获得成功

第六章

幸福与快乐决定于态度

第一章
态度决定人生的高度

　　人应该做自己的主人，主宰自己的命运，千万不要把自己交付给别人。人生就如逆水行舟，不进则退。积极的人创造机会，消极的人等待机会。人生的态度不同，决定了人生最终的境界大不一样。

01 命运握在
自己的手里

　　许多人为了获取成功，虽积极改善自己的外在环境，却不能致力于完善自我，几经周折，他们的处境并没有改变。那些能主宰自我的人，却能达到胜利的彼岸，这是放之四海而皆准的道理。

　　一个屡遭失败的年轻人千里迢迢来到一个偏僻的小镇，慕名寻访一位备受尊敬的老人。当谈到命运时，年轻人问道："这个世上到底有没有命运？"老人说："当然有喽。"年轻人又问："命运究竟是怎么回事？既然已经命中注定，那还要奋斗干什么？"老人没有直接回答他的问题，而是笑着抓起年轻人的左手："不妨先看看手相，给你算算命。"他先给年轻人讲了一番生命线、爱情线，事业线等诸如此类的话后，又对年轻人说："把手伸开，照我的样子做一个动作。"老人的动作是：举起左手，慢慢地、越来越紧地握紧拳头。老人问："抓紧了没有？"年轻人有些迷惑，回答道："抓紧了。"老人又问："那命运线在哪里？"年轻人机械地回答："在我的手里。"老人紧紧追问："请问，命运在哪里？"年轻人才恍然大悟："命运握在自己的手里。"

　　俗话说：条条大路通罗马。不管有多少条路，都得靠自己走，别人永远无法替代。而命运也只有靠自己把握，因为只有自己才是真正的主人。

　　古代有这样一个笑话：一个衙门的差役，奉命送一个犯了罪的和尚，临行前他怕自己忘了带东西，就编了个顺口溜："包袱雨伞枷，文书和尚我。"在路上他一边走一边念叨这两句，总担心一不小心就会把东西丢了，回去交不了差，和尚看他傻乎乎的，就在中途吃饭时把他灌醉了，然后给他剃了个光头，把自己脖子上的枷锁套在他身上，自己便溜之大吉了。差役酒醒后，总感到少了点什么，可包袱、雨伞和文书都在，摸摸自己的脖子，枷锁也在，又摸摸自己的头是个光头，说明和尚也没丢，可他还是觉得少了点什么，于是念了一遍顺口溜，他大惊失色："我哪儿去了，怎么没有我了？"

这虽是个笑话，但却让人深思。我们应该做自己的主人，去主宰自己的命运，千万不要把自己交付给别人。

我们不能选择自己的出身，也不能选择我们的父母，但是我们一定可以选择自己的人生。做自己的主人，在各种诱惑面前保持自己的本色，不要迷失了自己。不要只顾热衷于追求身外之物，最终也许你会如愿以偿，但却会像差役一样把最重要的一样给丢了，那就是自己。

让别人来做决定，让别人左右你的意志，自己就会变成傀儡，我们有权利决定生活中该做什么。其实，只有自己最了解自己，别人不会比自己更了解自身实力，只有自己的决定才是最好的。

02 最重要的
不是赚钱

俄国大文学家普希金说："金钱万能同时又非万能，它遗祸于人，破坏家庭，最终毁灭了拥有者自己。"为什么？就在于他们关心的只有钱，而且无论对自己或对他人，衡量的标准也只有一个，那就是钱。物欲使人过于强调享受和拥有，使人失去理性，变得异常贪婪。

"最重要的不是赚钱"，这句话告诫我们，不要只盯着"赚钱"。如果你能好好体味，那你也许就能够找到摆脱贫穷的思路。

有个故事是说，从前有两个樵夫阿德和阿财一起上山砍柴。第一天，两人都砍了八捆柴。阿德很努力，为了能多砍些柴，他早起上山。但是阿财却没有，他在回家以后抓紧时间磨刀，并且准备第二天把磨刀石也带上山。阿德先上山，很努力地砍柴，使尽浑身力气，可是一天下来却只砍了六捆柴。而阿财虽然上山晚，但除了所砍的九捆柴，还采了一些哄孩子开心的野山楂。阿德百思不得其解，他想不通为什么自己那么努力，却没有阿财砍的多。后来阿财一语道破了玄机："砍柴除了技术和力气，更重要的是我们手里的刀。我经常磨刀，刀锋锋利，砍的柴自然比较多。而你只盯着柴，从来都不磨刀，忽视了你的工具。虽然你费的力气可能比我还多，但是刀却越来越钝，砍的柴当然就少了。"

这就是"磨刀不误砍柴工"的道理。仔细想想，其实我们工作赚钱也和砍柴一样，"钱"就是我们的"柴"。如果我们只盯着"钱"这个字眼，只知道埋头去赚钱，不知道抬起头来左右看看，不知道先打造好自己的工具，那么，虽然费的力气大，但也许最终只能像阿德那样，事倍功半。

因此，我们不要把最重要的精力放在"赚钱"上。那么，不放在"赚钱"上，要放在哪儿呢？我们的"刀"是什么呢？怎么去打磨我们的"刀"才能砍到更多的"柴"呢？

事实上，我们有两把"刀"：一把是我们自身，另一把是我们的环境。

我们可以把自身称为对内开发，即对自身潜能的开发。

人的潜能犹如一座待开发的金矿，蕴藏无穷，价值无比，而我们每个人都有一座潜能金矿。并非大多数人命里注定不能成为"爱因斯坦"，只要发掘了足够的潜能，任何一个平凡的人都可以成就一番惊天动地的伟业，都可以成为一个新的"爱因斯坦"。

我们应该如何开发自身呢？如何才能让我们的自身散发出巨大的能量呢？

首先，我们要不断充电，努力提高自己的学识和专业水平。

"八仙过海，各显其能"，在致富的道路上，人们的致富手段可谓是五花八门。但是，不管做什么，你必须得有"能"，才可以"过海"，才可以到达财富的彼岸。如果你自身不行，那么你注定只能在岸边望洋兴叹了。

50多岁的某外企副总曹先生，1966年高中毕业后，被下放到农村。那个年代的特殊性，造成了他文化底子薄的现状。返城后，他只能在工厂做着简单重复的劳动，但是他不满足于当时贫困的生活，很想改变自己的命运，于是在工作之余，他一直坚持学习，给自己充电。

后来，他参加了法律专业的大学自学考试，每天下班后，就得从武昌赶到汉口去上课。因为底子薄、记忆力差，他就多看书，结合案例将知识理解透彻。他认为与其重复着那种普通的劳动，日复一日没有进展，不如努力提高自己。功夫不负有心人，两年后他拿到了大专文凭，他又坚持不懈地考取了律师执业证。1994年，他到武汉一家外企，先后做法律顾问、总经理助理，直到现在的副总。

如今，事业有成的曹先生每天仍坚持看管理和法律类书籍至少1小时。他说："不停地制订并完成一个又一个触手可及的小目标，就会不断享受到成就感，一旦充上电便'野心勃勃'！只有不断充电，才能让你自己的能力不断提高，才能让你踏上事业更高的台阶。"

如果曹先生不注重对自身的开发，不去充电，而只是盯着自己在工厂的那点活儿，干一点挣一点，也许许多年之后他还是没什么变化，也根本不可能有今天的成就。

只有不断地从学习中吸收新思想，不断地提升自己的思考能力，才能不断改进自己，驾驭这个纷繁复杂的世界。

其次，除了提高自己的学识水平之外，还要有长远的眼光。这样才能跳出日常琐事的藩篱，从高处宏观把握自己的人生，进而做出一个长远的规划。在规划中，你才能知道自己每一步该怎么走，然后稳扎稳打迈向自己事业的制高点。

"不计较一城一池的得失"是军事上一句很有名的话。这是一种战略眼光，不拘泥于眼下，放眼于未来。不要把目光紧紧盯在钱上，而应该真正从做事业的角度去审视自己的人生，那么，就离成功不远了。

朱文是行政管理专业毕业的一名大学生。刚毕业时，他经济窘迫，很渴望能快些赚钱改善自己的生活。他是陕西安康人，毕业后的前两份工作都是在当地专业对口的政府部门。但不到3个月，他就对每天送文件等琐碎小事厌烦不已。他想这得等到什么时候才能赚到他想要的钱啊。他认为商业能赚大钱，于是决定从商。

他先去广州找到了一份电脑销售员的工作，可是他又感觉这工作没什么挑战性，而且收入也不多，他想到外贸公司应该不错，做对外贸易，赚钱应该不少，于是辗转进了昆明一家私人外贸公司。虽然在外贸公司，他的薪水有了提高，但是他并不满足，他又感觉在那里自己永远是个打工仔，于是，3个月后，他又辞职了，最后还是背起行囊回到了陕西。在过去的一年里，他已经在4个城市更换了6份工作。

其实，朱文一直在走弯路，不停地挖坑，但每个坑又都不往深里挖。频繁地换工作，说明他确实有能力且自信，有着很强的动力。但是，是什么造成了朱文最后空手"回家"的窘境呢？

原因就是朱文没有长远的规划，没有放眼未来的视野。他一直没有找准自己的位置，这山望着那山高，像童话里的那只小猴子一样，虽然捡到不少的东西，但可惜的是，它捡一样丢一样，最后一次，竟然为了一粒芝麻而放弃了上次捡到的西瓜。结果回到家的时候，手里只剩下了一粒芝麻。

只有具有长远的眼光，对自己的事业做出长远的规划，继而努力钻研，才能取得成功。

我们需要磨的第二把刀，是环境，即人脉，也就是对外的开发。

个人的力量是有限的，一个人的快速成长离不开别人的帮助，如果你没有自己的人脉资源，便很难快速发展。单枪匹马势必势单力薄，任何危机都可能使你一败涂地。个人的发展需要机遇，而人脉资源能给你提供机会，并帮助你抓住机会。

我们常说"出门靠朋友"、"朋友多了路好走"，这些都是金玉良言。多认识多接触些人，就有了朋友，那么你也就拥有了人脉。这些都是你的资源，是你事业发展的助推器。说不定什么时候，你的人脉就会助你一臂之力，把你推向成功的大道。

世界著名的成功学大师戴尔·卡耐基认为，一个人的成功取决于两大因素，其中15%在于他的专业知识和技能，而85%在于他处理人际关系的能力。美国著名高等学府斯坦福大学也在他们的一份研究报告中称，在一个人所赚的钱中，有12.5%来自他的知识背景，87.5%则来自于他的人际交往能力。

小胡毕业于一个不起眼的中专学校，毕业后一直没有找到工作。可后来，他却进了一家很好的科技公司，他是怎么做到的呢？原来是靠人脉。他回忆说："凭我这样的学历，要去那家公司，想都不要想，即使是想去其他任何一家科技公司做业务都不容易。我来这家公司就是靠以前在校园做兼职时认识的一个朋友的介绍。"

就这样，小胡把那家科技公司当作一个好的平台，边干边学，最终一步步走向了成功，现在还成了那家公司的骨干。

"专业是利刃，人脉是秘密武器。"这句话说得很对，有了利刃，但也需要有施展的舞台，而人脉的积累将会为你开拓广阔的舞台，给你展翅飞翔的空间！

因此，"最重要的不是赚钱"，我们不要只顾低着头盯着钱，这样你的路会越走越窄。抬起你的头，放开你的眼光，磨好你的刀，当你磨好了对内和对外这两把刀，相信你将会披荆斩棘，人生之路也会更加顺畅、更加精彩。

03 别让他人
决定你的命运

美国凯萨集团创始人、亿万富翁凯萨曾说："有无数的事实表明，除非你为自己的人生定下了一些有意义的目标，否则你就无法过得更好。或者说如果你不主动发掘自己的人生目标，你就可能把时间和精力花在一些没有价值，甚至错误的事情上。"话虽简单，但道理深刻。

生命的旅途中，有时候我们难免会陷入各种危机，而要摆脱这些危机，要学会靠自己拯救自己。

信奉"在家靠父母"的人，往往是那些生活上不能自理而饭来张口、衣来伸手，或者事业上不能自立而离不开父母权力、地位和金钱支撑的年轻人。这样的年轻人，显然不可能在生活上自立自强，也不可能在事业上有所作为。

有的家长常常根据自己过去的经验，把自己的观点强加于子女。对于那些在某一领域大有成就的家长们，更是如此，由于他们本身对某一事业很感兴趣而又获得了成功，所以他们想当然的就认为也要引导子女们走这条路。虽然他们也是为子女们好，希望子女们能在事业上有所作为，崭露头角。但他们一点也不去考虑子女的个性、特长、兴趣，一味地逼迫孩子从事他们不喜欢的工作，这不仅不能让孩子获得成功，有时甚至会葬送孩子一生的大好前程。

试想：如果伽利略按照父亲的意愿去当医生，米开朗琪罗遵照父亲的意愿去当银行家，帕斯卡按照父亲的意思去做语言学家，特纳按家人的意愿去做少女美发屋的美发师，塞尚听从家人的主张去当律师，席勒去学习做外科医生，也许直到今天，我们都不会知道伽利略、米开朗琪罗、帕斯卡、特纳、塞尚、席勒是何许人也，而只是偶尔会听说，哪儿有一个医生，真是糟糕透了，或许那就是伽利略，也或许有人说某某银行家最近破产了，那或许就是米开朗琪罗……如果他们按照家人的意愿做了，那么世界历史上就会少了几位伟大的人物，整个世界文明或许也会滞后不知多少年。

值得庆幸的是，他们并没有听从家长的安排而放弃自己所感兴趣的事情。伽利略在被逼着去研究解剖学和生理学的同时，默默地钻研出了许多深奥问题的答案。当他在对比萨大教堂里的灯的挂杆进行研究，并得出关于钟摆的规律时，他才18岁。他不仅发明了望远镜，还发明了复式显微镜，在宏观和微观两个层次上开阔了人们的视野。

米开朗琪罗虽然因为在家中的墙壁和家具上画画而被惩罚。但是，他的胸膛中燃烧着的熊熊火焰却被神圣的事物点燃，这团火焰促使他在圣彼得堡的建筑上、摩西的大理石雕像上和修道院的壁画上努力不止。

席勒在被送到斯图特的军事学校学习外科医学时，在私底下创作了他的第一部剧本《抢劫者》，并且很快创作出了他的两部伟大戏剧，而他也因此成为不朽的人物。

帕斯卡最终成为著名的数学家和物理学家，约书亚·雷诺兹最终成为英国皇家美术学院的创立者，特纳成了一名最伟大的现代派风景画大师，这些都是因为他们自身的努力和坚持。

无数伟大人物成功的经验告诉我们，自己的命运应由自己来把握，千万不要让他人决定自己的命运，哪怕是自己最亲近的人。

04 在进取中
创造卓越

人生如逆水行舟，不进则退。因为社会是不断发展的，你不进步，别人就会超越你，你自然就落后了。拥有强烈的进取心，你就会更积极地学习，更认真地工作，对别人更加负责任。只有进取心才是永恒的动力，才是竞争的优势，才是前进的保障。戴尔·卡耐基说过，不断进取，是成为一名杰出人物的基本素质。成功是一个不断追求的过程，只有永远保持进取心，才能不断进步，不断超越现状。

人们都认为从太平洋沿岸修一条铁路到世界第二高山安第斯山是不可能的。安第斯山脉险情四伏，光是海拔高度已使修筑工作十分困难，再加上恶劣的环境，冰河与潜在的火山活动，使修建工作更是困难重重。只经过一小段距离，山脉就从海平面一下子升到上万英尺的高度。在这个险峻的山脉中，要想把铁路修到海拔高处，需要建造许多"Z"字形线路和桥梁，还要开凿许多隧道。

1859年，一个波兰血统的工程师欧内斯特·马林诺斯基建议从秘鲁海岸卡亚俄修一条到海拔15000英尺高的内陆铁路。

马林诺斯基和他的团队成功了，他们修建了世界上海拔最高的铁路，创造了世界上的又一个奇迹。普拉胡塔深有感慨地说："很难想象在如此起伏巨大的山地中是如何靠那些比较原始的工具完成这个工程的。今天，铁路仍然矗立在那儿，它是修建者坚忍不拔的证明。无论在修建过程中发生了什么，马林诺斯基和他的团队从来都没有放弃过。"

进取心是一种态度，一种积极向上的态度，一种不甘落后的态度，一种追求更高价值的态度。

1948年，牛津大学举办了一个"成功秘诀"讲座，邀请到了当时赫赫有名的英国首相丘吉尔来演讲。

丘吉尔用手势止住了大家雷鸣般的掌声后说："我的成功秘诀有三个：第一是，决不放弃；第二是，决不、决不放弃；第三是，决不、决不、决不放弃！我的讲演结束了。"

说完就走下讲台。

会场上沉寂了一分钟后，才爆发出热烈的掌声，经久不息。

这掌声不仅是对这位伟大的政治家、外交家的尊敬，更是对这位伟大人物进取精神的一种褒扬。

永葆进取心，追求卓越，永远是成功人士的信念。它不仅造就了成功的企业和杰出的人才，而且促使每一个努力完善自己的人，在未来前进的道路上不断地创造奇迹。

每一个成功者都有着勇往直前、不满足于现状的进取心。当一个人具有不断进取的决心时，这种决心就会化作一股无穷的力量，任何困难和挫折都阻挡不了，凭着这股力量，他会不达目的绝不罢休。当他们面对重重困难时，这种进取心就会使他们充满巨大的力量，敢于挑战最大的危险，做别人不敢做的事。

莫德克·布朗的成功经历，完美地诠释了进取心与成功之间的联系。莫德克是美国棒球界历史上最伟大的投手之一，他从小就决心要成为棒球联盟的投手。可是上帝并没有因为他的决心就将幸运降临到他的头上。他小时候在农场做工，有一天，手被机械夹住，不得不失去了右手食指的大部分，中指也受了重伤。

你要知道，对于一个投手，失去手指意味着什么。成为全棒球联盟最好的投手，在这个事件之前是完全可能的，可现在，手变成这样，这个梦想好像永远只能是梦想了。

但这位少年不这样想，他接受了这个不幸的事实，尽自己最大的努力，学会用剩余的手指投球，终于成为地方球队的三垒手。

有一天，莫德克从三垒传球到一垒，教练刚好站在一垒的正后方，看到旋转的快速球划着美妙的弧线进入一垒手的手套里，教练惊叹道："莫德克，你是天才投手。球控制得太出色了，球速也快。那种会旋转的球，任何击球手都会挥棒落空的。"

莫德克投的球速度快，又有角度，上下飘浮，然后进入捕手手套的中央，令击打者都束手无策。莫德克将击球手一个个三振出局。他的三振纪录和成功投球的次数都很了不起，很快便成为美国棒球界的最佳投手之一。

正是受伤的手指，也就是变短的食指和扭曲的中指，使球产生了如此与众不同的角度和旋转。

莫德克正是靠着一股永远进取的精神才取得了成功，实现了自己的梦想。

对于一个有进取心的人来说，即使屡遭失败也不会放弃。"成功的大小不是由这个人达到的人生高度衡量的，而是由他在成功路上克服障碍的数量来衡量的。"

进取心这种内在的推动力是我们生命中最神奇和最有趣的东西。它存在于每个人身上，就像自我保护的本能一样明显。在这种求胜本能的驱使下，我们走进了人生赛场。最后请你牢牢记住，进取心的力量在于：能使你从弱者往上爬为成大事者。

05 超越一秒钟
前的自己

　　要想在竞争激烈的现代职场上站住脚，永远立于不败之地，就应该不断更新自己，提升自己的能力，成为职场中的佼佼者。否则，你将会被列入公司裁员的名单之中，被淘汰的命运说不准哪一天就降临到你头上。

　　超越一秒钟前的自己，将会使你的一生走向完满与成功。

　　美国通用公司总裁杰克·韦克奇认为，一个人的成功需要一系列的奋斗，要克服一个又一个困难，而不会一蹴而就，拒绝自满可以创造奇迹。所以我们要时刻准备着超越一秒钟前的自己。

　　10年前的中学同学，他们的自身经历或许可以很好地说明这个问题。当年有些人受到命运之神的眷顾，进入了大学的殿堂，而有些人却没能得到命运的垂青，与大学失之交臂。而如今，那些昔日的幸运者，有的也许仍然平平常常，固守自己的职位，数年来没有什么变化。而当初的失意者却干出了名堂，有的已经成为老板，有的竟成为大明星。

　　年轻的彼尔斯·哈克是美国ABC晚间新闻当红主播，他虽然没有上过大学，但是却把事业作为他的教育课堂。最初他当了3年主播后，毅然决定辞去令人艳羡的主播职位，决定到新闻第一线去磨炼，干起记者的工作。他在美国国内报道了许多不同路线的新闻，成为美国电视网第一个常驻中东的特派员，后来他搬到伦敦，成为欧洲地区的特派员。经过这些历练后，他又重新回到ABC主播的位置。此时的他已由一个初出茅庐的年轻小伙子成长为一名成熟稳健又广受欢迎的记者。

有的人永远不满足自己的现状，拼命改变自己的命运，所以他们能不断地有所长进；而有的人则认为自己很幸运，很了不起，什么都不用愁了，忘了居安思危，失去了进取之心，所以一直原地踏步，甚至被人遗忘。

自满对工作有极大的负面效应。很多员工在没有一点成就的时候，刻苦努力，像老黄牛一样勤勤恳恳地工作，而一旦有一天取得一点成就之后，就沾沾自喜、得意忘形。这种容易满足的习惯只能让自己重新回到以前，甚至变得一塌糊涂。

美国老牌流行歌手麦当娜在这方面就颇有感受。处在流行工业最前线的唱片业，每年都有前赴后继的新人，以数百张新专辑的速度抢攻唱片市场，稍不留神就被远远地抛在后面。麦当娜觉得："老不是最可怕的，人还没有老就落后了才是最悲哀的事。"所以，面对推陈出新的市场，不断学习和创新才能不被抛出轨道，"我是个忧患意识很强的人，每天都觉得自己快跟不上时代了。"这样的忧患意识就是进步的动力。

事实上，一个尽职尽责、按时完成分内工作的员工仅仅是一名称职的员工而已，称不上是优秀的员工，更不能说他热爱自己的工作或事业。他的一生会比较平凡，甚至可能平庸。一个真正出类拔萃、有所作为的员工，必会积极进取，不安于现状。他工作不只是为了薪水，更是为了创造更高的价值，为了在工作过程中寻求自己能力的提升，并获得更多人的认可。

所以，我们要时刻进取，勇于学习，超越一秒钟前的自己。

百货业公认的最伟大的推销员爱莫斯·巴尔斯是一个真正具有进取精神的人。直到晚年，他仍保持着敏锐的头脑，不断产生出令人新奇的构思。

每当别人对他取得的成就表示赞赏时，他都丝毫不放到心里去，总是兴奋地说："你来听听我现在这个新的想法吧。"

他94岁高龄时，不幸患了绝症，当有人给他打电话表示慰问时，他却没有丝毫悲伤的情绪："嗨，我又有了一个奇妙的构想。"而仅仅两天后，他就与世长辞了。

巴尔斯是真正超越了一秒前自己的人，他从不认为自己已完成了一切，永远向着下一个目标前进，甚至在死亡面前。

有句古老的名言："一个人的思想决定一个人的命运。"不敢向高难度的工作挑战，是对自己潜能的画地为牢，只能使自己无限的潜能化为有限的成就。

埃里克·霍弗深信："在瞬息万变的世界里，唯有虚心学习的人才能掌握未来。自认为学识广博的人往往只会停滞不前，结果所具备的技能没过多久就成了不合时宜的老古董。"

"学无止境。"不管你有多能干，你曾经把工作完成得多么出色，如果你一味沉溺在对往日表现的自满当中，"学习"便会受到阻碍。如果没有终生学习的心态，不去追寻各个领域的新知识也不去开发自己的创造力，最终，你会丧失自己的生存能力。因为现在的职场对于缺乏学习意识的员工是很无情的，员工一旦拒绝学习，就会迅速贬值，所谓"不进则退"，转眼之间就会被抛在后面，甚至被时代淘汰。

因此，不管你曾有过怎样的辉煌，你都必须对职业生涯的成长不断投注心力，学习、学习、再学习，千万不要自我膨胀到目中无人的地步，要敞开心胸接受智者的指点，及时了解自己有待加强的地方，时刻保持警觉，最大限度地发挥自己的才能，让自己的工作随时保持在巅峰状态。

只有你具备了永不满足的挑战自我的精神，才会真的拥有空杯心态，才会永远不自满，永远在学习，永远在进步，永远保持身心的活力。在攀登者的心目中，下一座山峰，才是最有魅力的。攀越的过程，最让人沉醉，因为这个过程充满了新奇和挑战，空杯心态将使你的人生渐入佳境。它可以让你随时对自己拥有的知识和能力进行重整，清空过时的，为新知识、新能力的进入留出空间，保证自己的知识与能力总是最新、最优质的。

百丈高塔是一层一层建立起来的，进步是一点一滴积累起来的。希瓦·华里是个著名的野外摄影记者，有一次他独自一人到亚马孙河的密林中去拍照，结果迷了路，他唯一能做的就是根据指南针的指示，拖着沉重的步伐向密林外走，这至少有200英里，他需要在八月的酷热和季风带来的暴雨的侵袭下，进行长途跋涉。

才走了一个小时，他的一只长筒靴的鞋钉就扎进了脚里，傍晚时双脚都起泡出血，有硬币那般大小的血泡。他以为自己完蛋了，但是又不能不走下去。为了在晚上找个地方休息，他别无选择，只能一英里一英里地走下去，结果，他真的就走出了广袤的亚马孙丛林。

所以，我们要时刻进取，努力提高自己，改变一秒钟前的自己，你的前景将无比光明！

06 敢做别人
　　不敢做的梦

我们的未来是成功还是失败，是快乐还是痛苦，取决于我们现在对未来的期望和在走向未来的过程中的态度。而我们的态度将怎样变化，又取决于我们在成长过程中的行为取向。积极的人创造机会，消极的人等待机会。因为创造机会获得了成功，积极的人会更加积极；因为等待机会变得浮躁，消极的人会更加消极。

一提到那些伟大的探险家，克里斯多夫·哥伦布这个名字总会不由自主地出现在我们的脑海中。他出生在一个以制作毛纺织品为生的贫苦家庭，从小也没受过什么正规教育。当时一些愚蠢的人都嘲笑说，就他那几艘破船，装备那么简陋，成功穿越大西洋根本不可能。可是，哥伦布有他伟大的目标，那就是要找到一条通往西印度群岛的海上捷径。在这远航途中，尽管种种磨难也曾让他产生过放弃目标的念头，但他还是勇敢地坚持自己的信念，永不放弃。

哥伦布的第一次航海遭遇了葡萄牙海盗，他的船被击沉。他自己仅靠抓住一支救生艇的船桨才得以游向岸边。而这次遭遇反而更加坚定了哥伦布的信念——一定要找到一条通往西印度群岛的新航线。

1483年，哥伦布满怀信心地把一份航行计划呈献给葡萄牙的约翰国王，却被漫不经心地否决了。但他没有放弃，又把这份航海计划书呈献给西班牙统治者——斐迪南和伊莎贝拉，仍旧两次遭到拒绝。就在哥伦布快要放弃这个念头时，斐迪南和伊莎贝拉终于被他坚定的信念所打动，接受了他第三次提交的航海计划方案。然而，又一场不幸正悄悄降临，在获得航海资助期间，哥伦布失去了心爱的妻子。后来，唯一的儿子也去世了。

1492年，哥伦布终于率领由尼娜号、品塔号、桑塔·玛丽号组成的舰队起航了。你永远无法想象的是他那敏锐的判断力、坚定的毅力、游刃有余的外交手段及航海技术会接受多么严峻的考验。航行持续了33天，船上所带的物资仅能维持21天。船员们乞求他转舵回去，甚至用兵变来威胁他。面对种种困境，哥伦布始终在罗盘的指引下，坚持主张"罗盘指引真理"。终于，在1492年10月12日那天，伴随着从缆绳上传来的一声惊呼"看哪！陆地！"美洲就这样被他发现了。

正因为哥伦布无畏艰险，美洲这片神奇的土地才被世人发现。1492年和哥伦布也永远留在世人心里。

600多年前，有个人敢做别人不敢做的梦，整个世界为此永远改变了。那就是哥伦布和他的航海梦。

07 态度
决定一切

　　美国哲学家和心理学家詹姆斯·艾伦曾在他的书中这样写道："没有思考，一个人不可能行动。"对此他解释到：一个人的内心思考会影响他的外在行为。事实上也的确如此，一个人有什么样的想法，就会表现出什么样的态度，并会有相应的行为。

　　杰瑞从事餐饮行业，他是一个乐观的人，总是拥有一份好心情，说些积极的事。因为他的乐观情绪，总是有几个服务生追随着他从一个餐厅到另一个餐厅。他天生是个善于激励别人的人。如果一个雇员这一天过得不开心，杰瑞就会告诉他怎样看待事情积极的一面。当有人问他是怎么做到的，杰瑞回答说："每天早晨我醒来时会和自己说，'杰瑞，今天你有两个选择。你可以选择有个好心情或者你可以选择有个坏心情。'我当然选择好心情。每当发生坏的事情时，我可以选择当受害者或者我选择从中学到一些东西。每当人们向我抱怨的时候，我可以选择接受他们的抱怨，或者我可以指出生活中积极的一面。我要选择生活中积极的一面。"

杰瑞说："生活就是不停地选择。当你忽略了旁枝末节时，每个条件就是一个选择。你选择如何应对形势。你选择别人怎样影响到你的心情。你选择拥有好心情或坏心情。底线是：你选择的是什么样的生活。"

后来，杰瑞遇到了一件差点丧命的事：一天早晨，他没关后门，三个持枪劫匪进店用枪顶着他的脑袋，命他打开保险箱，在开保险箱时，他的手由于紧张而颤抖，滑掉了密码。歹徒们慌乱中向他开了枪。

幸运的是，杰瑞及时被人发现并送往当地救治中心。经过18个小时的手术和几周的重症看护，杰瑞出院了，但子弹的碎片却留在了他的身体里。

他的一个朋友问他出事时是怎么想的，他回答道："我想到的第一件事就是我本该锁好后门的，"杰瑞说，"然后，当我躺在地板上时，我想到我有两个选择：我可以选择生存，我也可以选择死亡。我选择了生存。"

"你不是受伤了、失去意识了吗？"朋友问道。

杰瑞继续说："护理人员太伟大了。他们一直告诉我我会好的。但是当他们把我推到手术室，我看到医生和护士脸上的表情时，我真的很害怕。从他们的眼神里，我读出这样的信息：'他是一个死人。'我知道我需要采取行动了。"

"你做了什么？"朋友问。

"哦，有一个高个子、身体壮实的护士大声地问我问题。"杰瑞说，"她问我是不是对什么东西过敏。'是。'我回答。医生和护士都停止了手上的工作，等着我的回答。我做了一个深呼吸，大声叫道：'是子弹！'"

他们的笑声过后，我告诉他们："我选择活下来。给我动手术吧，就当我是活着的，而不是死去了。"

杰瑞活了下来，多亏了医生的精湛医术，也多亏了他那惊人的生活态度。我们从他身上学到了要坚强地面对生活。因为，态度决定一切。你想过有意义的人生，想实现自己的目标，你就会为之努力，把不可能变成可能。如果你认为自己没有天赋，或者命中注定不会有什么大成就，也许你就会自暴自弃，不去争取，不去拼搏，结果，你当然就是庸庸碌碌地度过一生。

怎样度过自己的一生，完全在我们自己。不同的态度，不同的命运，而不同的命运取决于自己的选择。

第二章
让积极的态度成就你的辉煌

　　积极的心态包含着一切正面的人生品质——责任、忠诚、乐观、自信……我们说，责任比能力更重要，热情是自信的来源，自信是行动的基础，行动是进步的保证。所有积极的心态综合作用，会把你引领到成功之路上。

01 勤奋敬业：
成功的必由之路

　　企业的财富积累和不断发展离不开员工的勤奋努力，员工自己的成功更是勤奋努力的结果。在企业中取得骄人成绩的员工正是那些刻苦学习、踏实工作的勤奋员工。

　　齐格勒说："如果你能够尽到自己的本分，尽力完成自己应该做的事情，那么总有一天，你能够随心所欲地从事自己想要做的事情。"一个人的成功，外部因素固然十分重要，但更重要的是其自身的勤奋与努力。可以说，没有勤奋就没有成功。

　　懒汉们常常抱怨：自己竟然没有能力让自己和家人衣食无忧。勤奋的人会说："我也许没有什么特别的才能，但我能够拼命干活以挣取面包。"

　　有一位懒惰成性的乡绅，他拥有一块有自由保有权的地产，每年坐收500美元的地租。后来，由于无力还债，他把一半地产卖掉了，剩下的一半地产租给了一位勤劳的农民，租期为20年。契约到期时，这位农民去交付租金，他问这位乡绅是否愿意把这块土地出卖。乡绅感到十分吃惊，他说："是你想买吗？""是的，如果我们能讲好价，我就买了。""这真是太不可思议了。"
这位绅士仔细打量着眼前这位农民，说："天啊，请你告诉我这是怎么回事。
我不用交租金，靠着两块这样大的土地也不能养活自己，而你每年都要交付
给我500美元的租金，这些年下来，你竟然还买得起这块土地。""道理很简
单，"这位农民回答说，"你整天在家里坐享其成，坐吃山空；而我却日出而
作，日落而息，任何劳动都会得到回报的。"

　　每位勤奋的员工，老板都会看在眼里，记在心上。对老板来说，一名勤
奋敬业的员工即使能力比那些一下班就消失的员工稍逊一筹，但是勤能补拙，
通过不断地努力，这些勤奋员工的能力会得到提升，最终会成为企业的栋梁。
　　戴维就是靠着自己的勤奋而获得成功的。他现在是加利福尼亚建筑公司
的一名副总，而几年前，他还只是工地上的一名送水工。其他送水工把水桶
搬进来后，总是一面抱怨薪水太少、一面躲起来抽烟，他却给每位工人的水
杯倒满水，并利用剩余时间来了解有关的工作情况，并帮他们做一些力所能
及的事情。结果，两周后，他就当上了计时员。作为计时员的戴维依然非常
勤奋，第一个到工地的是他，最后一个离开工地的还是他。他的勤奋，使他
对建筑工作的每一个细节都非常熟悉，连工地上最有经验的工人也常来向他

请教。现在他已经成了公司的副总，但他依然非常专注于工作，从不说闲话，也从不参与到任何纷争中去。他鼓励大家学习和运用新知识，还常常拟计划、画草图，给大家提出各种好的建议。只要给他时间，他可以把客户希望他做的所有的事做好。

戴维并没有出众的才华，也没有什么显赫的出身，他只是一个普通的不能再普通的送水工，但他靠自己的勤奋取得了巨大的成功。戴维的经历告诉我们，不论你现在所从事的是什么工作，要想在这个时代脱颖而出，你就必须付出比以往任何时候更多的勤奋和努力。只要拥有积极进取、奋发向上的心，再加上你勤勤恳恳地努力工作，你就会成功，就能得到老板的认可。

很多人认为勤奋工作只能给老板带来业绩的提升和利润的增长，而自己却没有获得薪水的提高。其实，勤奋带给你的是比薪水更宝贵的知识、技能、经验和发展的机会。勤奋，带给你和老板的是一个双赢的结果。

对于老板来说，业绩的提升和利润的增长当然是最重要的。但对于一名员工，尤其是年轻员工来说，又有什么能比知识、技能、经验和成功的机会更宝贵呢？因此，勤奋不仅是对公司、对老板负责，更重要的是对自己负责。

在日常生活中，我们经常能看到一些很有希望成功的人。但是，他们并没有成为真正的英雄，原因何在呢？

许多人都抱有这样一种想法：我的老板太苛刻了，根本不值得如此勤奋地为他工作。然而，他们忽略了这样一个道理：工作时虚度光阴会伤害你的老板，但最终受害的却是你自己。有些人挖空心思费尽精力来逃避工作，却不愿将同样的精力和心思用在自己的工作上。这种人自以为聪明盖世，可以骗得过老板，其实，他们欺骗的正是他们自己。投机取巧只能令你日益堕落，只有勤奋踏实、尽心尽力地工作才是最高尚的，才能给你带来真正的幸福和快乐，才能助你成功。

一旦养成投机取巧的习惯，一个人的品格就会大打折扣。做事不能善始善终、尽心尽力的人，其心灵亦缺乏相同的特质。他因为不会培养自己的个性，意志无法坚定，因此无法实现自己的任何追求。一面贪图享乐，一面又想修道，自以为可以左右逢源的人，不但享乐与修道两头空，还会后悔不已。

明智地做出决策，精神饱满地去行动，在行动中能够吃苦耐劳，不管你选择什么样的职业，你都会得到相应的报酬。这样，在前进中你才会有动力，才能形成自己鲜明的个性，而且也会鞭策他人去行动。每个人所得到的报酬或许并不相等，但是，从总体上说，每个人都会得到与他所付出的劳动相当的报酬，正如佛罗里达的一句谚语所说的那样："虽然并不是每个人都生活在广场上，但是，每个人都可以感受到太阳的光辉。"

有些员工工作非常散漫，他们的理由是：老板一点也不看重我，他并没有注意到我为工作所付出的努力，又不增加我的薪水，我干吗那么卖力气呢？

在一些手工业里，一些为了要掌握一门手艺，长年跟随师傅苦干，却没有得到哪怕一分钱，而他们却毫无怨言，原因何在？因为他们懂得，勤奋虽然会为别人创造更多的效益，但更是为了自己。人生重要的不是现在，而是更久远的将来。薪水虽然少些，但能有一个好的学习经验和技能的机会更重要。他们的目标是为了未来能开办一家自己的作坊和店铺，为此他们努力地付出。在这个目标面前，薪水显然已经不重要了。眼睛只盯着薪水的人，得到的便永远只是温饱。

勤奋工作就是为自己的现在和将来而努力，薪水的多与少，只是你从工作中获得的一小部分。你的老板可以掌控你的薪水，但他无法蒙上你的眼睛、捂住你的耳朵，他不能阻止你去接受新的知识，培养自己的能力，更不能阻止你为将来而努力。勤奋工作，其实正是一种等待，一种积蓄，一定要学会在勤奋工作中耐心地等待，等待他人的信任和赏识，才能使自己的努力得到回报，才能迈向更高的目标。

勤奋敬业的精神是你走向成功的基础，它更像一个助推器，把你自己推到成功面前。如果有一天你终于成功，你应该自豪地对自己说："这都是我勤奋努力的结果。"

你可以想象一下，两个背景一样的员工，一个勤奋主动、热情进取，像一个上满发条的钟表一样为公司工作，另一个却总丢三落四、散漫懒惰，像只泄了气的皮球一样见着工作就躲。你是老板，会做怎样的选择呢？这个答案恐怕是不言自明的！

勤奋工作会给你机会，任何一个老板都会赏识勤奋工作的员工，这是一种值得任何人尊敬的美德，走到哪里，它都会为你增光添彩。

不要贪图安逸，这只会让你变得堕落，整日游手好闲只会让你退化，只有勤奋工作才是高尚的，它将带给你人生真正的乐趣与幸福。当你明白这一点时，请立刻改掉身上的所有恶习，努力去找一份适合你的工作，你的境况将因此而改变。

02 正直忠诚：
缔造完美人格

一名敬业的员工，必然会尽忠职守，努力做好自己的本职工作。因为在这样的员工看来，就算是再平凡的工作，也承载着伟大的使命与责任。因此，当工作分派到自己头上的时候，他们会竭尽所能把工作做好，绝不会玩忽职守。

在今天，并不缺乏有才能的人，只有既有才能又忠诚于老板和企业的人，才是老板心目中的最佳人选。"士兵必须忠诚于统帅，这是义务。"这是美国名将麦克阿瑟说过的话，这句话的核心是忠诚。只有忠诚，团队才会无坚不摧，战无不胜。"我们需要忠诚的员工。"这是老板的共同心声。面对种种诱惑，忠诚在今天显得更加可贵。

忠诚使一个人保持正直，给他以力量和耐力，并且，它也是一个人精力充沛的主要动力，他会与公司同舟共济，共谋发展。本杰明·鲁迪亚德曾经说过："没有谁必须要成为富人或成为伟人，也没有谁必须要成为一个聪明的人；但是，每一个人必须要做一个忠诚的人。"

一位名人曾说过："如果你是忠诚的，你就会成功。"忠诚是一种美德，一个对公司忠诚的人，实际上不是仅仅忠于老板，忠于公司，而且忠于人类的幸福。这种健全的品格，会使自己成为一个诚实、和善、谨慎的人，心中也会产生一种非凡的勇气与信念，更无惧他人对你的看法，也不会为自己的名誉担忧。

一个人工作时，如果能以精益求精的态度、火焰般的热忱，充分发挥自己的特长，那么不论做什么样的工作，都不会觉得辛劳。如果我们能以满腔的热忱去做最平凡的工作，就能成为最精巧的艺术家；如果以冷淡的态度去做不平凡的工作，就绝不可能成为艺术家。

很多雇员，当被问及对老板的忠诚这个问题时，他会这样辩解："忠诚有什么用呢？我又能得到什么好处？"忠诚并不是为了增加回报的砝码，如果是这样，那就变成了交换。我们应该明白，在这个世界上，并不缺乏有能力的人，那种既有能力又忠诚的人，才是每一个企业需求的最理想的人才。人们宁愿信任一个虽然能力差一些却足够忠诚敬业的人，也不愿重用一个表里不一、言而无信之人，因为这样会使整个公司陷入钩心斗角、尔虞我诈的复杂人际关系之中，只会把公司搞垮。许多老板常常反复考察员工的忠诚度，看看是否能委以重任，能否为公司的发展忠心工作，能否在公司出现危难时不临阵脱逃，和公司共命运。因为老板深信忠诚是考验出来的，不是嘴上说的，古人云："天将降大任于斯人也，必先苦其心志，劳其筋骨……"，老板对你不断考察，足见他对忠诚品质的重视。作为一个员工，首先要有责任心、上进心，还要有对公司价值的认同，要有和公司一同发展的事业心，因此，你的忠诚度越高，获得的机会也可能越多；忠诚度越高，就越有可能获得提升；相应的，越往高处走，老板对你忠诚度的要求也会越高。

一个忠诚的员工，不管是在有人的场合，还是在无人的场合，都会正确地行事。有一个受过良好教育的员工，当有人问他在没有人在场的情况下，为什么不拿一些珍珠放在自己口袋里，他回答说："没有人看着我，我自己也会看着我自己。我绝不会让自己去做一件不诚实的事情。"这是一个关于忠诚、良心的简单而恰当的例子。

乔治到这家钢铁公司工作还不到一个月，就发现很多炼铁的矿石并没有得到完全充分地冶炼，一些矿石中还残留没有被冶炼好的铁。如果这样下去的话，公司岂不是会有很大的损失？

乔治接连找到负责这项工作的工人和工程师，但他们都不以为然，他们并没有像乔治那样把它看做是一个很大的问题。

但是乔治始终认为这是个很大的问题，于是拿着没有冶炼好的矿石找到了公司负责技术的总工程师，他说："先生，我认为这是一块没有冶炼好的矿石，您认为呢？"

总工程师看了一眼，说："没错，年轻人，你说得对。这是哪里来的矿石？"乔治说："是我们公司的。"

"怎么会？我们公司的技术是一流的，怎么可能会有这样的问题？"总工程师很诧异。

"其他工程师也这么说，但事实确实如此。"乔治坚持道。

"看来是出问题了。怎么没有人向我反映？"总工程师有些发火了。

总工程师召集负责技术的工程师来到车间，果然发现了一些冶炼并不充分的矿石。经过检查发现，原来是监测机器的某个零件出现了问题，才导致了冶炼的不充分。

公司的总经理知道了这件事之后，不但奖励了乔治，而且还晋升乔治为负责技术监督的工程师，总经理说："我们并不缺少有能力的工程师，但缺少的是负责任的工程师，这么多工程师就没有一个人发现问题，并且有人提出了问题，他们还不以为然。对于一个企业来讲，人才是重要的，但是更重要的是真正有责任感和忠诚于公司的人才。"

乔治从一个刚刚毕业的大学生成为负责技术监督的工程师，可以说是一个飞跃，是他的忠诚和由此产生的责任感让他的领导者对他委以重任。

一家企业就像一台大机器，每名员工都是机器上的一个零件。每个零件都发挥出其应有的作用，这个大机器才能正常运转。任何一个零件的轻微松动，都可能会影响其他相关零件的运转，进而影响到整个机器。因此，对员工来说，尽忠职守、做好本职工作，才能让自己所在的企业健康运作。

如果一家公司里的员工缺乏忠诚，那么相应的责任感就差。老板一不注意，员工就懈怠下来，没有监督就不工作，遇到难题，就找借口来掩盖自己的责任心。干活的时候敷衍了事，做一天和尚撞一天钟，从来不愿多做一点儿工作，但到了玩乐的时候却是兴致万丈，得意的时候满面春风，领工资的时候争先恐后。比如修好墙上一个破洞，帮老板把几箱货物放在该放的地方，随时记下几笔零碎的账目，都只不过是举手之劳，但却能给老板省下很多时间和金钱，但有些人就是不愿意这样做。如果老板是自己，他们还会袖手旁观、置之不理吗？当然不会。那么受人所雇，就应当不尽力而为吗？有些人做事马马虎虎，懒懒散散，因为他们觉得即使做事兢兢业业也得不到什么好处，殊不知人人如此，企业就会面临生存的危机。相反，如果每一位员工都能忠诚于自己的公司，为公司操劳尽心，那么这家公司一定会有很大的发展。

一名不能尽忠职守、做好本职工作的员工，必然不会热爱自己的岗位，也必然缺乏责任心。他会趁公司不注意的时候开小差，或者将属于自己的工作推给其他同事。这样的员工在工作中除了投机取巧以外，什么也得不到，他就像是企业这台"机器"上的一个松动的"零件"，最后逃不过被替换的命运。

对于员工而言，你忠诚于你的公司，你得到的不仅仅是企业对你更大的信任，你的所作所为还会让人感受到你人格的魅力。如果你背叛了企业，你的身上将背上一辈子擦拭不掉的污点，背叛的代价就是给自己的人格和尊严抹上污点。

杰克到一家IT公司面试。他的工作能力无可挑剔，但是他们提出了一个令杰克很失望的问题："我听说，你曾帮助一位朋友的公司开发一个新的应用程序软件，据说你提出了很多有价值的建议。我们公司也正在策划这方面的工作，你能否透露一些你朋友公司的情况，你知道这对我们很重要，而且这也是我们为什么看中你的一个原因。请原谅我的直白。"面试官说。

"你的问题令我失望，同样我也会使你失望的。很抱歉，我有义务忠诚于我的朋友，无论何时何地，我都必须这么做，与获得一份工作相比，忠诚守信对我而言更重要。"杰克说完就走了。

朋友都替杰克惋惜，他却为自己所做的一切感到坦然。

没过几天，杰克收到了来自这家公司的一封信，信上写着："亲爱的杰克，祝贺你被公司录用了，不仅因为你的专业能力，更重要的还有你的忠诚。"

这家公司一直很看重一个人的忠诚，他们相信，一个能对自己朋友的公司忠诚的人一定会对自己的公司忠诚。很多在面试清单中被删掉的人，其中不乏优秀的专业人员，但是他们为了获取一份工作而对原公司丧失了最起码的忠诚，一个人不能忠诚于自己原来的企业，人们很难相信他会忠诚于新的公司。

一个人的忠诚不仅不会让他失去机会，相反会让他赢得机会。除此之外，还能赢得老板和同事对自己的尊重和敬佩。人们似乎注意到，取得成功的关键因素并不是一个人的能力，而是他优良的道德品质。因此，哈伯德说："一盎司的忠诚相当于一盎司的智慧。"

忠诚不是没有辨别力的绝对服从，忠诚也不是"愚忠"，忠诚是在清楚自己的责任时表现出的一种对信念的坚持，忠诚是对别人为自己付出的真诚的回报。这个世界是讲求回报的，你的付出不会竹篮打水，而是会有更多的回报，这是基本的生存法则。如果你能真诚地对待老板，相信老板也会真诚地待你。每个人都有可能跳槽，但是一旦身在其位一定谋其事，这也是一种敬业的忠诚。

只有忠诚的人才能在自己的职业生涯中一直保持着负责的态度。忠诚的人不管自己是否总在一家公司供职，不管自己将来是否要调换部门。他们都对现有的工作保持责任感。他们能冷静地对待自己的工作，把职场中的每段时光都作为自己终生事业的一部分。

03 信守责任：
做好一切的前提

在这个世界上，每一个人都扮演了不同的角色，每一种角色又都承担了不同的责任，从某种程度上说，对角色饰演的最大成功就是对责任的完成。正视责任，让我们在困难时能够坚持，让我们在成功时保持冷静，让我们在绝望时绝不放弃。因为我们的努力和坚持不仅仅为了自己，还有别人。

美国西点军校的学员规章中有这么一条规定：每个学员无论在什么时候，什么地方，穿军装与否，也无论是在担任警卫、值勤等公务，还是在进行自己的私人活动，都有义务、有责任履行自己的职责和义务。这种履行规定不是为了嘉奖，而必须是发自内心的责任感。这种要求是非常高的，西点人认为在任何时候，责任感对自己、对国家、对社会都必不可少。没有责任感的军官就不是合格的军官，正是这样的严格要求，让每一位从西点毕业的学员受益匪浅。

西点人认为，要成为一名好军人，就必须遵守纪律，有自尊心，对于他的部队和国家感到自豪，对于他的同志们和上级有高度的责任感，对于自己表现出的能力有自信。

这样的要求对每一个企业的员工同样适用。没有责任感的公民不是好公民，没有责任感的员工不是好员工。公司员工所承担的责任总和也是巨大的，如果员工不能把对企业的责任看成是孝敬父母或养育孩子那样义不容辞，那么员工就很难真正担当起责任。一个顾客抱怨说，他在商店找一盘磁带，让3个营业员找都没找到，营业员还推说：架子上没有，是卖光了，下次来看看。但这位顾客竟然自己在架子上找到了这盘磁带。这显然会给企业的信誉带来不良的影响。放弃承担责任，或者蔑视自身的责任，这就等于在可以自由通行的路上自设路障，摔跤绊倒的也只能是自己。

责任本来就是生活的一部分，对于任何人，我们要生活，就必须承担起责任，这不仅是我们生活的前提，也是我们追求更好生活的前提，更是一个团队能够向前发展的前提。我们要将责任根植于内心，让它成为脑海中一种强烈的意识，在日常行为和工作中，这种责任意识会让我们表现得更加卓越。如果你把责任看成是生活的一部分，在真正承担起责任时，你就不会感觉到累，也不会认为自己承担不起。因为一个能够生活的人，就一定能够承担起责任。事实上，责任是由许多小事构成的。比如说，该到上班时间了，虽外面下着阴雨，但责任感的驱使使你立即起床……除非你的责任感真的没有发芽，你才会欺骗自己。对自己的慈悲就是对责任的侵害，必须去战胜它。

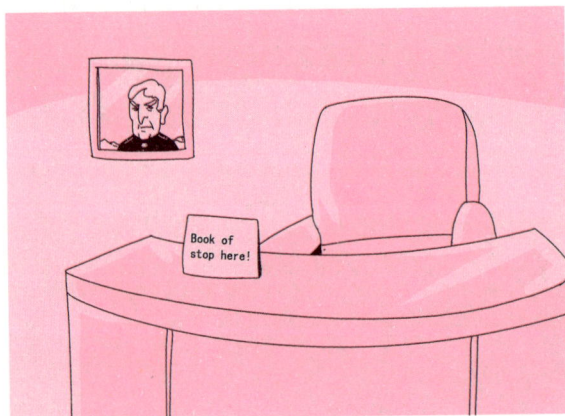

美国前总统杜鲁门的桌子上摆着一个牌子，上面写着：Book of stop here！（问题到此为止）。这就是责任。如果在工作中，对待每一件事都是"Book of stop here"，我敢说，这样的公司将让所有人为之震惊，这样的员工也将赢得足够的尊敬和荣誉。

一个替人割草打工的男孩儿打电话给布鲁斯太太说："您需不需要割草工？"

布鲁斯太太回答说："不需要了，我已有了割草工。"

男孩儿又说："我会帮您拔掉花丛中的杂草。"

布鲁斯太太回答："我的割草工已做得很好了。"

男孩儿又说："我会帮您把草与过道的四周整理齐整。"

布鲁斯太太说："我请的割草工也已做得非常出色，谢谢你，我不需要新的割草工人。"

男孩儿便挂了电话，此时男孩的室友问他说："你不是就在布鲁斯太太那儿割草打工吗？为什么还要打这样的电话？"

男孩儿说："我只是想知道我做得有多好！"

自己要多问自己："我做得怎样？别人满意吗？"这就是一种责任。

并不是每一个人都能清楚地意识到自己身上的责任，也并不是每一个员工都像我们想象的那样优秀和完美，无论他们饰演什么角色，都意识不到自己的责任。如果你是有这种想法的员工，我想告诉你，没有意识到责任并不等于没有责任，这是一种对责任的逃避。

一位零售业经理，在一家超市视察时，看到自己的一名员工对顾客非常冷漠且很有脾气，令顾客极为不满，员工自己却不以为然。经理经过了解后，对这位员工说："你的责任就是为顾客服务。你现在有失自己的责任，也意味着对公司不负责任，也意味着不愿对自己负责任。"他给员工最后一句话是："今天工作不努力，明天努力找工作。"

敬业就意味着责任。在这个世界上，没有不需承担责任的工作；相反，你的职位越高、权力越大，所肩负的责任就越重。不要害怕承担责任，要下定决心，你一定可以承担任何正常职业生涯中的责任，你一定可以比他人完成得更出色。敬业的最佳代言人就是给加西亚将军送信的安德鲁·罗文中尉。这个被授予勇士勋章的中尉，他最宝贵的财富并不是他卓越的军事才能，而是他优秀的个人品质。

那是在100多年前，美西战争即将爆发，为了取得战场上的主动权，美国总统麦金莱急需一名合适的送信人，把信送给古巴的加西亚将军。军事情报局向总统推荐了安德鲁·罗文。罗文在接到总统交给他的"送信"任务时，怀着一种对国家的忠诚和无私的敬业精神，无条件地立即执行，并克服了常人难以克服的种种困难，将个人的生死置之度外，战胜了艰难险阻，终于在预定的时间内完成了"送信"任务。这种高度的责任感和无私的敬业精神，像一把火炬照亮了人们前进的方向，提升了人生的价值，铸造了一种民族魂。

我们每个人应该扪心自问："我能把信送给加西亚吗？我有这种无私的敬业精神和大无畏的奉献精神吗？"在需要你承担重大责任的时候，马上就去承担它，这就是最好的准备。你愿意承担的责任有多大，你的成绩就会有多高。一名优秀的员工从来不只是满足于把自己的本职工作做好就够了，他们在做好本职工作的同时，还会积极主动地寻找一些可以做的事，主动承担一些其他的责任——这就是他们卓越的原因所在。

不必找一些理由作为自己不负责任的借口，借口永远不能成为一个人不负责任的理由。寻找借口的实质，就是掩饰属于自己的过失，把应该自己承担的责任转嫁给社会或他人。这样的人，在企业中不会成为称职的员工，也不是企业可以期待和信任的员工，在社会上不是大家可以信赖和尊重的人。这样的人，注定只能是一事无成的失败者。

责任就意味着追求完美和卓越，只有工作做好了，公司得到了发展，社会取得了进步，个人才能随之得到提升和奖励。

你对别人的不负责任就是对自己将来的不负责任。不要忘记自己的责任，不要抱怨自己的工作，不要认为你的老板对你不公，每个员工都应承担属于自己的责任，要到最需要你的地方，做你必须做的事，主动承担起自己的责任。

负责任、尽义务是成熟的标志。几乎每个人做错了事都会寻找借口。对于责任，谁也不想主动去承担；而对于获益颇丰的好事，邀功领赏却总有人抢在前面。负责任的人是成熟的人，他们对自己的言行负责，能把握自己的行为，做自我的主宰。

一个有责任感的人会给别人一种信任感，能吸引更多的人与自己合作。一个人只有承担更多的责任，才能得到更多的回报和尊重。信守责任的同时，就是在信守一个人的人格和道德。

责任，是工作出色的前提，是职业素质的核心。一名员工有了责任心、具有责任感，才能有激情、有奉献，才会力争把自己的工作做得尽善尽美，才会有成就一切事业的可能。

04 自信乐观：
伟大成功的源泉

自信乐观是一个人获得成功的前提条件，也是一种最基本的积极态度。

美国哲学家罗尔斯曾说过："所谓信心，就是我们能从自己的内心找到一种支持的力量，足以面对生或死所给我们的种种打击，而且还能善加控制。凡是能找到这种力量，无论是生或死都能制胜的人，必是非常快乐的！"

成功者与失败者之间的差别是：成功者始终用最积极的思考、最乐观的精神和最丰富的经验支配和控制自己的人生。没有自信会让一个人失去前进的勇气，过分悲观会让一个人看不到奋斗的目标和方向，更不可能产生成功的欲望。如果你连成功的欲望都没有，就不可能获得成功。

有一次，一个士兵骑马给拿破仑送信，由于马跑得速度太快，在到达目的地之前猛跌了一跤，那马就此一命呜呼。拿破仑接到了信后，立刻写封回信，交给那个士兵，吩咐士兵骑自己的马，快速把回信送去。

那个士兵看到那匹强壮的骏马，身上装饰无比华丽，便对拿破仑说："不，将军，我是一个平庸的士兵，实在不配骑这匹华美强壮的骏马。"

拿破仑回答："世上没有一样东西，是法兰西士兵不配享有的！"

自信是一个人的首要资本，只有建立了自信，其他的优势才能派上用场。不管你学识如何渊博，经验如何丰富，理想多么远大，如果没有了自信，其他的优势便会失去其应有的价值。

心理学家做过这样一个实验。他们从一个班级的学生中挑出一个最愚笨、最不招人喜爱的姑娘，要求她的同学改变已往对她的看法，大家也真的打心眼里认定她是位漂亮聪慧的姑娘。不到一年，这位姑娘便奇迹般地出落得漂亮起来，气质也同以前的她判若两人。她对人们说，她获得了新生。她并没有变成另外一个人，然而在她身上却展现出每一个人都蕴藏的美，这种美只有建立在强烈的自信心上，才能展现出来。

自信和乐观的态度能帮助人战胜困难，给人以勇气、力量和智慧。有了自信才有激情，如果一个人没有自信，他就很难对生活或工作保持热情或兴趣。

法国存在主义哲学大师、诺贝尔奖得主萨特说："一个人想成为什么样子，他就会变成什么样子。"如果你认为自己不能把某件事情做好，那么你就可能真的做不好，因为你无法以积极的态度为之奋斗。自信不仅影响着一个人的胆量，还影响着一个人的能力。有时候，并不是你真的没有能力完成一件事，而是因为恐惧和悲观导致你无法完成。

自信的态度决定人生的高度。

希尔认为，一个人是否成功，就看他的态度了。

有些人总说，他们现在的境况是别人造成的。环境决定了他们的人生位置。其实，我们的境况不是周围环境造成的。说到底，如何看待人生，由我们自己决定。纳粹德国集中营的一位幸存者维克托·弗兰克尔说过："在任何特定的环境中，人们还有一种最后的自由，就是选择自己的态度。"

自信能最大限度地影响我们的生活、事业以及一切，并能让你成大事，脱颖而出。换句话说，如果你自己的形象在自己心中就是一个脱颖而出者，是一个才华横溢、能力超群之士，那么你肯定会尽情发挥你自身的天赋，最终，你必将成为一名成大事者。

没有自信，人们便失去成功的可能。自信是人生价值的自我实现，是对自我能力的坚定信赖。失去自信，是心灵的自杀，它像一根潮湿的火柴，永远也不能点燃成功的火焰。许多人的失败不是在于他们不能成功，而是因为他们不敢争取，或不敢不断争取。而自信则是成功的基石，它能使人强大。

自信的态度在很大程度上决定了我们的人生，我们怎样对待生活，生活就怎样对待我们；我们怎样对待别人，别人就怎样对待我们。我们在一项任务刚开始时的态度决定了最后有多大的成功，这比其他任何因素都重要。

人的地位有多高，成就有多大，取决于支配他的思想。消极思维的结果，最容易形成被消极环境束缚的人。成功之路是信念与行动之路。

信心就源于你的体内，是与生俱来的。只是现在我们陷于一种复杂混乱的状态，把运用信心认为是一种冒险，所以不敢尝试而已。

我们需要生活的动力来征服心头的纷扰、折磨、缺陷。我们其实很软弱，所以需要力量来支持。信心能使我们坚强，给我们力量。

坚强的自信，便是伟大成功的源泉。不论才干大小，天资高低，成功都取决于坚定的自信心。相信能做成的事，一定能够成功。反之，不相信能做成的事，那就绝不会成功。

但要记住，培养起自己对事业的必胜信念，并非意味着成功便唾手可得。自信不是空洞的信念，它是以学识、修养、勤奋为基础的，缺乏自信则是以无知为前提的。前者令人敬仰，后者受人嘲讽。

俄国大文豪托尔斯泰，有一次对另一位文学家高尔基说："人不能拒绝最基本的信心，应对之加以重视。因为信心会影响自己的心灵，促使你积极的冲动，使自己最崇高的天性不遭受自卑的伤害。那些喜欢疑虑嘲讽的人，他们的心灵是不健康的。"

自信与自满仅仅一步之遥，自满是盲目的，自信是清醒的；自满更多的是留恋于已有的，自信则主要关注未来。

皮鲁克斯曾说过："只有满怀自信的人，才能在任何地方都把自信沉浸在生活中并实现自己的意志。"

如果每一个人在生活中都能对自己有适当的信念，对某些方面有一些特别的调整，人生就会变得更加有意义，就会减少无数烦恼，增添许多快乐！

有的人最初对自己有一个恰当的估计，自信能够处处胜利，但是一经挫折，他们就半途而废，这是因为自信心不坚定的缘故。所以，光有自信心还不够，更须使自信心变得坚定，即使遇到挫折，也能不屈不挠，积极进取，绝不会因为困难而退缩。

如果你想获得事业的成功，就一定要有自信。只要心中充满自信，成功之路就会展现在你的脚下，使你梦想成真。

05 自我克制：
自制的神奇力量

华兹华斯曾说过，自我克制能够抗拒各种痛苦；严格的自我克制能帮助人们摆脱可怕的阴影；勤奋向上能推动时代的发展；宽宏大量的情感让人充满活力，心情愉悦……这一切至善的品格都会受到人们的欢迎。

无论是谁，如果丧失了自制，也就丧失了灵魂。每个人千万不可像蜜蜂那样，"把整个生活拼在不顾一切的乱蜇中。"我们要用自制来克服久积的习惯和不该有的惰性。

久积的习惯、惰性和放任之所以没有成为我们的主人，相反，我们却成了它们真正的主人，这正是因为我们运用了意志力——自制，命令我们应该抵制、克服，而且也必须去抵制和克服，这种我们所具备的抵制和克服，正体现了我们自身所具有的坚强的意志。

在美国纽约，一位长者告诫一个年轻小伙子说："现在，你要控制好你自己，不要太放任、不要沉迷于懒惰和贪玩之中，你现在已经到了自己拿主意的年龄了。否则，将来有一天，你会置身于自掘的坟墓中哀叹，你将无力推开堵住坟墓出口的岩石。你要果断起来，去好好学习，明确自己的人生之路。这样，才会使漂泊不定的生活安定下来，不再像秋风中的落叶飘忽不定。"

另一位叫柏克斯顿的人坚信很多人做事喜欢意气用事，随心所欲，除非他有较强的自制力去正确地把握自己。柏克斯顿在给他的一个儿子的信中写道："现在，你已到了该对人生方向做出自己选择的关键时期，你必须自制起来，必须去抵御不良影响，必须果断地做出自己的决定，充分表现自己的聪明才智。否则，你将跌入事事困难的陷阱之中。而一旦走到这种地步，虽后悔却不可追回。我坚信年轻人喜欢随心所欲，凭一时兴趣行事，我曾经那样……我生活中的乐趣和全部的成功，都源于我在与你现在的年纪相仿时靠自制做出的转变。如果你在年轻力壮、精力充沛的时候，用自制伴随你的整个人生，你将得到幸福、愉快和欣慰。"这同样适用于一个组织、一名战士或是员工，要完成上级或老板交代的任务，你必须依靠自身的自制力去强有力的执行，接受了任务也就意味着承担了责任。也就是说，自制是一种很重要的思想，体现了一个员工对自己的职责和使命的态度。行动取决于态度，态度取决于思想，一个有很强自制力的员工，一定是一个能完善执行任务的员工。

几乎每个球迷都知道，德国足球队以作战顽强而闻名于世，在世界赛场上屡创佳绩。德国足球的成功固然有其自身的原因，但是最重要一点，是靠球员们优秀的自制力，他们在贯彻教练的意图、完成自己位置所担负的任务方面没有一点的放任，而是忠于自己的职责，无论整个球队处于什么境况下都要拼搏到最后一分钟。曾经有人说德国队的表现死板，不够灵活，不懂足球艺术。但作为职业球员，成绩胜于一切，他们是优秀的，因为他们身上表现出自制力的神奇力量。

锋士·隆巴第是美国橄榄球史上一位了不起的橄榄球队教练，美国的绿湾橄榄球队在他的精心调教下取得了令人难以置信的惊人成绩。锋士·隆巴第告诉他的球员："我只要求一件事，一定要取得比赛的胜利。如果不把目标定在非胜不可上，那比赛就没有丝毫的意义。不管打球、工作、思想，一切的一切，都应该'非胜不可'。"

他告诫球员，只要你跟我工作，除了依次照顾好你自己、你的家庭和球队，你还要克制自己，摒弃其他的一切。

他还告诫球员，比赛就要不顾一切，要控制好自己，不必理会任何人的阻拦，你要不顾一切去得分，无论你前面是一部战车还是一堵墙，无论对方多么勇猛，都不能阻挡你先得分，不要止步不前！

正是有了这种高度的自制力，才使绿湾橄榄球队的队员拥有了顽强的战斗力。在比赛中，他们克制了一切私心杂念，他们的眼中只有胜利，为了胜利，他们藐视一切，奋勇向前。

约克是一个聪明可爱的孩子，就是自制力差，很贪玩，学习成绩也不理想。一天，舅舅带他去登山。在登山的途中有许多五光十色的小石头，约克对这些小石头爱不释手。舅舅就让他把自己喜欢的石头捡起来放进自己的背包里。

没多久，约克就气喘吁吁直喊好累，他请求舅舅："把这些石头扔了吧！背着太累了！"

舅舅说："那就扔了吧，否则，你就爬不到山顶，享受不到一览众山小

的美景。"

约克和舅舅一块努力，登上了山的最顶峰。

后来，约克明白了其中的道理，不再贪玩，而是专心于学习，努力上进，终于取得了良好的学习成绩。

每个人必须有自我约束能力，不要被次要的计划或无关紧要的事情拉着偏离轨道。我们必须保持头脑不受杂念的干扰，自我控制，专心致志，才是通向成功的必经之路。

西点军校在训练学员时，就特别看重自制力的训练。例如当军官向学员下达指令时，学员必须重复一遍军官的指令，之后军官问道："有什么问题吗？"学员通常只能回答："没有，长官。"做出了这样的承诺，就等于用自制力去完成上级给予的使命。此外，在进行站军姿、行军礼等千篇一律的训练中，也都是在强化学员的自制力，使它在每个学员的思想深处，时时刻刻使自己保持思想的高度专一，并满怀着无穷的热情和旺盛的斗志。

对每一个员工来说，都要有较强的自制力，要毫无借口地完成自己的工作，无论你在做什么事，都要对自己的工作负责。

要想拥有光荣、平和的人生，就必须能够在小事或大事上自我克制。容忍和克制是人类必需的品格，脾气不能超越理智。

能够自我控制的人才能获得真正的自由和成功。

06 完美服从：
开拓成功之路

　　服从，是一个员工最基本的素质。一个人，无论他多么有才华，如果他不具备服从的品性，那么他最终会一事无成。很多有才华的人，之所以一事无成，在很大程度上，就是因为他缺乏服从的品性。

　　服从，就是要求每位员工无条件地服从老板的安排，服从也是执行任务的第一步。只有走好了执行目标的第一步，才有可能走好以后的每一步。一个员工，只有服从，才会在完成工作任务时，不发生偏离，才能发挥出超强的执行能力，走上成功之路。

　　军人以服从为天职。军人也只有服从，才能保证整体的战斗力，才能攻无不克，战无不胜。

　　"所有的学员们请注意：5分钟内集合，进行午间操练。请在野战夹克里面套上作训服。"这是西点军校对学员的一次普通而又严格的训练的开始。此时，墙上的时钟指向11点55，天气冷得要命。严酷的隆冬降临哈得逊河湾的上空，呼啸的北风穿过西点平原，冲击着西点军校六层高的大楼。

"快！离午间操练还有4分钟。"学员们的脑子中只有一个念头："一定准时到操场集合！"他们迅速整理好自己的装备，整理着军容，计算着离跑到操场还剩有几分钟，在通往操场的营房过道中，每隔50英尺就有一座钟，看时间很方便。

学员们以最快的速度聚集在铺着柏油的宽大操场上。对于这样的集合，他们每天经历都不会少于两次。"列队！"随着一声令下，一片无规则的人群立刻排成整齐的N个方阵。每个方阵是一个排，四个排组成一个连，四个连组成一个营，两个营则编为一个团。"立正！"所有人立刻目视前方。接下来是简单的点名操练：从排长开始，一级一级向上汇报学员的数目，这就是西点的列队训练，也是西点学员的必修课，从西点成立到现在，200年来无不如此。这种训练的实际意义在于，个人要服从整体、服从部队，服从是第一位的。

服从命令

　　服从，在西点人的眼中早已成了一种必备的美德，这种观念植入人心。即便是立场最自由的旁观者，也和大家持一个相同的观念，那就是"不管叫你做什么都照做不误"，这就是服从的观念。西点人一致认为，服从是军人的神圣使命，不学习服从，学不会服从，不养成服从的观念，就不是一个合格的军人，这样的人对不起自己的一身军装，也不能在军队中立足。1945年6月30日，在准备装入"201档案"的巴顿将军工作能力报告时，布雷利德将军给巴顿写了一个不同寻常又合乎情理的评语："他总是乐于并且全力支持上级的计划，而不管他自己对这些计划的看法如何。"

　　服从是自制的一种表现形式。西点军校的做法，让每个人深刻体会到，自己作为一个伟大整体的一分子，哪怕是很小的一分子，具有什么样的意义。

　　作为西点的每一位学员，都能够强烈地认识到，团队的权威始于何处，个人的权利应止于何处，对上级的服从不只是正确，而是百分之百地正确。因为西点的创立者认为，西点是军校，他培养的人才就是未来的军人，军人是从事战争的人，这种人要执行作战命令，要向设有坚固防御的敌人进攻，没有服从就不可能勇往直前，没有服从就不会取得胜利。

　　有一位西点学员对服从做了非常生动的比喻："上司的命令，好似发射出去的导弹，在命令面前你无法停止，只有沿着自己的轨道飞行。"另一位西点学员的比喻更为贴切："我们只不过是枪里的子弹，枪就是美国整个社会，枪的扳机由总统和国会来扣，是他们发射我们，他们瞄向哪里，我们就打向哪里。"出身西点的黑格尔将军就具有坚决服从的精神和严守纪律的品质：需要他发表自己的意见时，坦诚直白相告；对上级做出的决定，都坚决服从，一丝不苟地执行，绝不会打任何的折扣。因此，他得到了尼克松总统的重用。

　　一位毕业于西点军校的学员在晋升为将军后在给他父亲的信中这样写道：

　　"国家让这些孩子在这里经受4年斯巴达般的训练与培训，要求他们住在冰冷而没有暖气的兵营中，每天早上必须7：00准时起床，整理内务，打扫垃圾，学习必要的军事课程……他们要执行如此多的规定和规则，这是为了什么？"

"这是因为，他们毕业后将走入军队，他们将被要求毫无私心。在接下来的军旅生涯中，他们将会吃更多的苦，甚至在团聚日离家远征，生活在条件极其恶劣的战争环境中。这种工作会要求他们把自己的利益，包括生命，放在次要地位——因此，必须这样习惯，这样服从。"

对于西点人来说，军人就是要忍耐一切，哪怕是背部被马蜂蜇了也要忍得住，这会有什么好处呢？这就是对军纪军规、作战规则的服从。如果哪个学员连自己身上痒都难以忍受而拼命去抓，还能称得上训练有素吗？他能经受住炮火的洗礼吗？

服从的观念同样适用于职场。每一位员工都必须服从上级的安排，就如同每一个军人都必须服从上司的指挥一样。只有具有服从品质的人，才会在接受命令之后，充分发挥自己的主观能动性，想方设法完成任务；即使完成不了也能勇于承担责任，而不是找各种借口来推脱责任。

当然，我们不能完全照抄照搬西点的训诫和要求，毕竟我们不是军事机构。而且，并不是所有上司的指令都正确，上司也会犯错误。但是，一个高效的企业需要员工有良好的服从观念，一个优秀的员工也必须具备服从意识。一个员工，如果不能无条件地服从上司的安排，那么在达成共同目标时，就可能产生障碍；反之则能发挥出超强的执行能力，为自己开拓成功之路。

劳恩钢铁公司总裁卡尔·劳恩曾说过："军人学习的第一件事情就是绝对服从，整体的巨大力量来自于个体的服从精神。在公司中，我们更需要这种服从精神，上层的意识通过下属的服从很快会变成一股强大的执行力。"

服从是一名优秀员工必须接受的严峻考验，它强调的是对公司文化的认同感而不是凡事都唯命是从。一个人只有在学习服从的过程中，才会对公司的企业文化和价值观有一个更透彻的了解；只有在服从的过程中，才能不断提高自己的执行能力。

07 积极进取：
开发自身的积极因素

比尔·盖茨说："一个好员工，应该是一个积极主动去做事，积极主动去提高自身技能的人。这样的员工，不必依靠管理手段去触发他的主观能动性。"

有个老人牵着自己心爱的驴出门远行，在过一道深沟时，驴不小心掉进了深沟里。老人使了很多法子，驴也尽了最大努力，怎么也出不来。老人不想让驴在深沟里活受罪，更不想驴被狼群吃掉，于是他找来一把铁锹，想把驴埋掉。面对从天而降的黄土，驴并没有倒下，而是用尽力气将黄土抖落下来，然后坚定地站上去。就这样，落下一锹土，驴就用力抖一下，然后向上站一步，如此反复，最后，驴又回到了地面，继续跟老人一起远行。

这个故事说明，只要具备了积极的心态，困难就不会把你压倒！而一个人只要善于发掘自己身上的积极因素，积极的因素就会像泉水一样涌出来，即使再大的困难摆在面前，你也不会消极失望，一定会找到解决问题的办法。

　　著名的贝尔实验室和3 M等公司通过研究发现，主动性是最能体现优秀工作者与普通工作者差异的一个方面，而一个优秀工作者是从以下五个方面来体现主动性的：

　　1.承担自己工作以外的责任；

　　2.为同事和集体做更多的努力；

　　3.能够坚持自己的想法或项目，并很好地完成它；

　　4.愿意承担一些个人风险来接受新任务；

　　5.他们总站在核心路线旁。核心路线是公司为获得收益和取得市场成功所必须做的直接的、重要的行为，工作人员首先必须踏上这条路线，然后才能为公司作出贡献。

如果你不想在公司裁员时被裁掉，那么，就积极主动地努力去做吧！

心理学家对1000名创业成功者进行调查研究，归纳出他们走向成功的几个步骤，这些步骤都可以归纳为一点：都具有积极的自我意识，能够主动抓住机遇创业，并一直保持积极的自我意识、自我评价、自我控制以及自我期待。

专家的研究成果告诉我们：每个人身上都有巨大的潜能没有发挥出来。美国学者詹姆斯经研究认为，普通人只运用了他蕴藏的潜力的1/10，与应当取得的成就相比，只不过发挥了一小部分能量，只利用了自身资源的很小一部分而已。只有具备积极的自我意识，一个人才知道自己是什么样的人，能够成为什么样的人，进而积极地开发和利用自己身上的潜能，走向成功。

道尼斯先生来到一家进出口公司工作后，晋升速度之快，让周围的所有人都惊讶不已。一天，道尼斯先生的一位知心好友怀着强烈的好奇心询问他这个问题。道尼斯先生听后微笑着答道："这个嘛，很简单。当我刚开始去杜兰特先生的公司工作时，我就发现，每天下班后，所有人都回家了，可是杜兰特先生依然留在办公室里工作，而且一直待到很晚。我还注意到，这段时间内，杜兰特先生经常寻找一个人帮他把公文包拿来，或是替他做重要的服务。于是，下班后我也不回家，待在办公室里继续工作。虽然没有人要求我留下来，但我认为我应该这么做，如果需要，我可为杜兰特先生提供他所需要的任何帮助。就这样，时间久了，杜兰特就养成了呼叫我的习惯，并对我积极主动地工作留下了良好的印象，这就是我晋升的原因。"

道尼斯这样做虽然没有获得额外的报酬，但是，他获得的远比那点金钱重要得多——那就是一个成功的机会。

积极主动的自我意识使得道尼斯先生获得成功。要想取得非凡的成就，就得拥有积极的自我意识。积极的自我意识，是养成自动自发良好习惯的前提和决定因素。

心理学家研究认为，积极主动的自我意识，固然与一个人的先天遗传有关，但更重要的是在现实生活中逐渐形成的。每个人可能都被懒惰、拖延、消极等坏毛病纠缠过，这些坏毛病会制约你积极主动的自我意识的培养和形成，所以，必须下决心改掉这些坏毛病。你可以试着按照下面几点去做：

1.每天制订一项明确的工作任务，在你的上司还没指示你之前就主动把它做好。任务一旦确定，即使上司没有指示你做，你也要努力去完成它。你可以把确定的任务写在办公桌上台历的醒目位置，使你一抬头就看得见，甚至你可以把定好的任务告诉你的亲人或朋友，让他们提醒你。这种方法往往很有效，因为人都是有自尊的，当你的亲人或朋友询问你的工作任务进展得怎样时，即使你忘记了或者进展缓慢，你也会积极主动地抓紧去做。

2.每天至少做一件对他人有意义的事情，不要在乎是否有报酬，例如，帮同事查查资料，但不要期望同事会给你什么回报。

3.今日事今日毕，工作不留"尾巴"。每天安排的工作，必须当日完成，即使因特殊情况拖到第二天，也要在第二天挤出时间完成，否则，你的工作越拖越多，既加大了工作量，又挫伤了完成任务的积极性，长此以往，你将陷入被动工作的怪圈，你为培养自动自发主动工作所做的努力也会付之东流。

4.每天至少告诉一个人养成主动工作习惯的意义。你若能坚持做到这一点，你就成了为"积极主动工作"信念布道的使者，你的心态必会得到一种"质"的改变，促使你的行动向"积极主动"上转变，相信你很快就会养成主动工作的习惯，这种意识会像一粒种子一样在你心里生根发芽，一旦机会出现，你就会牢牢抓住，并成就一番事业。

怎样培养积极的心态呢？首先要从细节处开始，从生活中的点点滴滴开始。

1.尽量昂首挺胸走路。

人的肢体行动能够显示一个人的精神状态。一个人走路昂首挺胸，显得朝气蓬勃，充满自信，谁还会怀疑他走向成功的能力呢？即使困难重重，但他那昂首挺胸的样子，一定会让人相信他会积极地走出困境并取得最终胜利的。

2.恰到好处地用力握手。

轻柔型的握手显得没有自信心，而故意过分用力和显出傲慢态度的握手者，其实是虚张声势，为了掩饰其信心的缺乏。沉稳而不过分用力的握手，把对方的手适度地握紧，会让人觉得你热情而又生气勃勃，是值得信赖的。

3.用坦然的目光注视对方。

人们常说，眼睛是心灵的窗户。从一个人的目光中，我们可以看见他的内心世界。目光呆滞，显得人没有精神，也没有进取心。目光躲躲闪闪，显得人怯懦，不自信。目光坦然，则显得人胸有成竹，内心蕴藏着无穷的力量。

4.将你的步伐加快。

心理学家认为，懒散的姿态和缓慢的步伐与一个人的心理状态有极大的关系，表明了他对待自己、工作以及他人的一种消极和不愉快的态度。心理学家还告诉我们：可以通过改变你的姿势，加快你的走路频率从而达到改变你的态度、心理的重要目的。

因为加快你步伐的频率，显得步伐敏捷，好像处在竞走中的冲刺阶段，仿佛向世界宣告：我要到一个重要的地方，去做一件非常重要的事，而且我将会在短期内取得成功。这样可以树立起你的自信心，培养起你积极的态度。

5.比别人早到公司。

试想，当你的同事睡眼惺忪地匆匆赶到办公室，而你已经把上班前的准备工作——读读新报纸、查查电子邮件、整理办公桌上的资料等都做好了，你会是什么样的心情呢？

你的心情肯定是轻松的、愉悦的、自信的。这种心情有利于你积极主动地做事，甚至会赐予你灵感，超水平地发挥你的能力，做出一些让你的上司刮目相看的事情。同时，你的这种积极的习惯，一定会引起上司的注意，进而得到上司的赏识，如果有晋升的机会，你一定会成为上司的首选。

6.每天至少赞美自己一次。

行为学家们曾做过无数次的试验来证明赞扬的重要性。他们认为，人们总是趋向于重复那些能够获得激励性结果的行为。

美国钢铁公司第一任总裁史考伯说："我在世界各地见过许多大人物，还没有发现任何人——不论他多么伟大，地位多么崇高——不是在被赞美的情况下，比在被批评的情况下工作成绩更佳、更卖力。"

所以，每天你都要寻找工作中的亮点来赞美自己，比如，你的企划方案得到了上司的肯定，即使上司没有表扬你，你也要这样想：我的这个企划方案做得不错，下一次我会做得更好。

08 满腔热情：
让梦想化为现实

热情是自信的来源，自信是行动的基础，行动是进步的保证。一个没有热情的人，学习和工作的效率不会高，也很难获得良好的成绩，更不可能有高质量的生活。一个没有热情的人就不会有生机和活力，会变得死气沉沉、毫无斗志。热情是态度积极的表现，是改变命运、提高生命质量的最重要因素之一。

热情是工作当中最难能可贵的品质，对于一个员工来说就如同生命一样重要。有了热情，员工可以释放出巨大的潜在能量，补充身体的潜质，发展出一种坚强的个性；有了热情，可以把枯燥的工作变得生动有趣，使自己充满对工作的渴望，产生一种对事业的狂热追求；有了热情，还可以感染周围的同事，拥有良好的人际关系，组建一个强有力的团队；有了热情，我们更可以获得老板的提拔和赏识，获得更多的发展机会。

美国著名的成功学家拿破仑·希尔曾经这样评价热情："要想获得这个世界上的最大奖赏，你必须拥有过去最伟大的开拓者所拥有的将梦想转化为全部有价值的献身热情，以此来发展和销售自己的才能。"

而在现实中，很多人对自己的工作和所从事的事业缺乏热情。早上上班时，一步一蹭地挪到公司，无精打采地开始一天的工作，对待工作是能推就推，能拖就拖，就盼着下班的时间早些到来。他们缺乏一种对工作、对事业的热情。这种问题并不是出在工作上，而是出在我们自己身上。如果你本身不能热情地对待自己的工作的话，那么即使让你做你喜欢的工作，一个月后你也会觉得它乏味至极。IBM前营销总裁巴克·罗杰斯曾说过："我们不能把工作看做是为了几张美钞的事情，我们必须从工作中获得更多的意义才行。"我们应该从工作当中找到乐趣、尊严、成就感以及和谐的人际关系，这是我们作为一个人所必须承担的责任。

在古老的欧洲，有一个人死后，来到一个美妙而又能享受一切的地方。他刚踏进那片乐土，就有个看似侍者模样的人走过来问他："先生，您有什么需要吗？在这里您可以拥有一切您想要的所有的美味佳肴，所有可能的娱乐以及各式各样的消遣，其中不乏妙龄美女，都可以让您尽情享用。"

这个人听了以后，感到有些惊奇，但非常高兴，他暗自窃喜：这不正是我在人世间的梦想嘛！他整天都在品尝所有的佳肴美食，同时尽享美色的滋味。然而，有一天，他却对这一切感到索然无味了，于是他就对侍者说："我对这一切感到很厌烦，我需要做一些事情，你可以给我找一份工作做吗？"

没想到，他所得到的回答却是摇头："很抱歉，我的先生，这是我们这里唯一不能为您做的，这里没有工作可以给您。"

这个人非常沮丧，愤怒地挥动着手："这真是太糟糕了！那我干脆就留在地狱好了！"

"您以为，您在什么地方呢？"那位侍者温和地说。

这则很富幽默的寓言告诉我们：失去工作就等于失去快乐。但是令人遗憾的是，有些人却要在失业之后，才能体会到这一点，这是最不幸的。

热情其实就是对工作、对自己的一种自信，是一种自动自发的、视工作为一种快乐的工作态度。每一位对工作非常热情的员工，都是公司最为看重、最为欣赏的员工。你对工作、对公司施以最大的热情，公司也会给你以最大的回报。

也许在过去的日子里，你还有着缺乏热情的态度，每天谩骂、批评、抱怨、牢骚，在无奈和抱怨中有气无力地活着。没有热情，这一切永远都不会改变。对你的工作倾注热情，你会从中获得丰厚的回报。

其实，要想让热情为你加油，就要下决心把枯燥的工作当做一件有意义的事，在工作中倾注热情，使工作充满活力。有句谚语是这么说的："湿柴点不着火。"缺乏热情，不是工作的问题，而是你的"易燃指数"不够让热情的火燃烧起来。点燃你心中对工作的热情之火，一切就会好起来的。

很多团队中业绩最好、最受关注的往往不是学历最高、能力最强的人，而是态度端正、对工作满腔热情的人，他们是团队中最具活力的成分。一个对工作、对自己的事业充满热情的人是最有发展前景的人。

在工作中比别人先行一步，不要总跟在别人后面，当电话铃响起时，抢先接电话，尽管你知道不是找自己的；当客人或上司来时，最先起身接待；

召开会议时，最先发觉该给他人的杯子里添上茶水，等等。反应敏捷、做事勤快、行动力强就是热情工作的最直接体现。

没有热情的生活，就无法完全体验生活的奇观异景、喜怒哀乐和悲欢离合。饱含热情的生活会使你体会到你的心智正在发挥到极致，热情就是驱使你超越障碍、实现梦想的能量所在。如果你将热情持续地注入你的生活的事业中，想象一下，你的生活将变得多么丰富多彩。当你根据你的人生目标确定了你的活动和计划并发扬你天生的强项和喜好后，热情将随期而至。此时你将开始用睁大的眼睛，看着充满希望、奇迹和喜悦的一天。

09 创新思维：
实现价值的最大化

创新是一个人取得成就的重要因素，更是一家企业兴旺发达的灵魂。员工要达到自己职业的顶峰就需要创新，企业要在竞争中立于不败之地也需要创新。

在一个世界级的牙膏公司里，总裁目光炯炯地盯着会议桌边所有的业务主管。

为了使目前已近饱和的牙膏销售量能够再加速增长，总裁不惜重金悬赏，只要能提出足以令销售量增长的具体方案，该名业务主管便可获得高达10万美元的奖金。

所有业务主管都绞尽脑汁，在会议桌上提出各式各样的点子，诸如加强广告、更改包装、铺设更多销售据点，甚至于攻击对手，等等，几乎到了无所不用的地步。而这些陆续提出来的方案，显然不能被总裁所欣赏和采纳。所以总裁冷峻的目光，仍是紧紧盯着各位与会的业务主管，使得每个人都觉得自己像热锅上的蚂蚁一般。

在凝重的会议气氛当中，一位进到会议室为众人加咖啡的新进入公司的小姐，无意间听到讨论的议题，不由得放下手中的咖啡壶，在大伙儿沉思更佳方案的肃穆中，怯生生地问道："我可以提出我的看法吗？"

总裁瞪了她一眼，没好气地说道："可以，不过你得保证你所说的，能令我产生兴趣。"

这位女孩笑了笑："我想，每个人在清晨赶着上班时，匆忙挤出的牙膏长度早已成为固定习惯。所以，只要我们将牙膏管的出口加大一点，大约比原口径多40％，挤出来的牙膏重量就多了一倍。这样，原来每个月用一条牙膏的家庭，是不是可能会多用一条呢？诸位不妨算算看。"

总裁细想了一会儿，率先鼓掌，随后，会议室中立刻响起一片喝彩声，那位小姐也因此而获得了奖赏。

即使你是工作数年曾为公司做出巨大贡献的资深员工，只要你不善于自我更新，一旦适应不了新的发展形势，也很容易被淘汰出局。

所以，要想在竞争激烈的现代职场上站住脚，永远立于不败之地，就应该不断提升自己的能力，勇于创新，成为职场中的佼佼者。否则，你将会被列入公司裁员的名单之中，被淘汰的命运说不准哪天就降临到你头上。

学习对一个人一生的成败有着很大的影响，是贯穿一个人一生的事情。在职场上奋斗的人的学习有别于在校学生的学习，因为他们缺少充裕的时间和心无杂念的专注，所以积极主动地学习就显得尤为重要。

1.学会在工作中学习。

工作是任何职业人员的第一课堂，要想在当今竞争激烈的商业环境中胜出，就必须学习从工作中吸取经验，探寻智慧的启发以及有助于提升效率的资讯。

一名爱学习的员工，必定拥有美好的未来；一名不爱学习的员工，必定在将来被淘汰。有战略眼光的员工，不会局限于眼前的工作，他们往往能够看到很远的将来，并为之不断学习、不断奋斗。

2.努力争取培训的机会。

多数公司都有自己的员工培训计划，培训的投资一般由公司作为人力资源开发的成本开支，而且企业培训的内容与工作紧密相连，所以争取成为企业的培训对象是十分必要的。为此，你要了解企业的培训计划，如周期、人员数量、时间的长短，你要了解企业的培训对象有什么条件，是注重资历还是潜力，是关注现在还是关注未来。如果你觉得自己完全符合条件，就应该主动向老板提出申请，表达渴望学习、积极进取的愿望。老板对于这样的员工是非常欢迎的，同时技能的增长也是你升迁的能力保障。

069

3.主动进补抢先机。

在公司不能满足你的培训要求时，也不要停下来，可以自掏腰包接受"再教育"。当然首选应是与工作密切相关的科目，另外还可以考虑一些热门的项目或自己感兴趣的科目，这类培训更多意义上被当作一种"补品"，在以后的职场中会增加你的"分量"。

随着知识、技能的折旧越来越快，不通过学习、培训进行更新，适应性自然会越来越差，而老板又时刻把目光投向那些掌握新技能、能为公司提高竞争力的人。所以有专家说，未来的职场竞争将不再是知识与专业技能的竞争，而是学习能力的竞争，一个人如果善于学习，他的前途将是一片光明。

一个具有创新能力的人，往往更能为公司创造较大的效益，因为通过学习更新自己往往是一种量的提升，而具有创新精神养成创新习惯，则是一种质的飞跃。因此，创新是更新的最高境界。你要想在现代职场上成为一个杰出的人，在激烈的竞争中立于不败之地，就要培养和发展自己的创新精神，养成创新的习惯。

专家研究认为，作为一种必备的心理素质，创新素质无疑是可以塑造和雕琢的。现代心理学家对人类创新思维的形成和发展做过许多实验，从实验的结果看，先天的智力和知识积累，丰富的社会实践以及科学的训练方法是主要因素。

1.创新需要知识的积累和智慧的开发。

在进行任何一项创新之前，你的头脑中总要有一些预备性的知识，把这些知识作为铺垫或者跳板，然后才能构想出改进或解决问题的新方法，所以你所掌握的知识往往决定了你的创新水平。

2.创新需要善于观察和实践。

拥有知识固然重要，但间接知识往往不如直接的经验立竿见影。而且，书本知识有时也会成为阻碍创新的因素。因为创新往往是对旧有事物和旧有格局的否定，是对潜在力量的挖掘，所以绝不能离开坚持不懈的观察和实践。创新往往是在观察与实践中得到突破的。

3.创新需要训练。

创新既然属于一种思维和心理领域的内容，那么它肯定可以而且必须经过训练。盲目的创新不但无助于你的工作，反而会给你的工作带来不必要的损失。

如果你试着按照上面三点去做，你将会慢慢培养起创新的精神，养成创新的习惯，那你在工作中将会显得与众不同，必将脱颖而出，为公司创造较大的效益，你也不会受到裁员的侵扰。

创新制胜，创新就是生产力。在这个竞争激烈的社会，不论个人还是企业，唯有不断创新、始终保持创新的态度，才能在市场大潮中拥有自己的一席之地，才能体现出自身的存在价值，才能创造出更大的辉煌。

10 协作互助：
双赢才是赢

　　一个团队，一个集体，对一个人的影响十分巨大。善于合作、有优秀团队意识的人，整个团队也能给他带来无穷的收益。一个个体想要在工作中快速成长，就必须依靠团队，依靠集体的力量来提升自己。有了团队的力量，我们就能够把工作落实得更快、更好、更到位。

　　世界上的植物当中，最高大的应属美国加州的红杉，它的高度大约为90米，相当于30层楼那么高。一般来讲，越是高大的植物，它的根应该扎得越深。但是，红杉的根只是浅浅地扎在地表而已。可是，根扎得不深的高大植物，是非常脆弱的，只要一阵大风，就能把它连根拔起，更何况红杉这么高大的植物呢。

　　可是红杉却生长得很好，这是什么原因呢？

　　原来，红杉不是独立长在一处，红杉总是一片儿一片儿的生长，长成红杉林。大片红杉的根彼此紧密相连，一株连着一株。任凭是再大的飓风，也无法撼动几千株根部紧密相连的上千公顷的红杉林。

一棵红杉融入红杉林中，众多红杉的力量合在一块，使飓风也难以撼动红杉林，而单个的一棵红杉也因为其他红杉的帮助，得到红杉林的保护，而保全了自己，这其实就是一种双赢战略。

费城一家汽车展示中心的销售经理阿道夫·赛茨，突然发现公司的业务员办事不能集中精神，态度不积极，这一点必须要改变。于是他召开了一次业务会议，鼓励下属说出他们对公司的要求。他把大家的意见写在黑板上，然后，他说道："我会把你们要求我的这些个性全部给你们。现在，我要求你们告诉我，我有权力从你们那儿得到的东西。"紧接着他提出了自己的要求：敬业、诚实、积极、乐观、团队精神、每天热心地工作八小时等。会议结束的时候，大家都觉得精神百倍，干劲十足，有个业务员甚至自愿每天工作14小时……据赛茨报告说，此后公司的业务果然蒸蒸日上。

"这些人跟我做了一次有关道义上的交易。"赛茨先生说，"只要我实践自己的诺言，他们也会实践他们的诺言。我征询他们的愿望和期待，这样做正好满足了他们的需要。"

没有人喜欢被人强迫去做一件事。我们都喜欢按照自己的想法购买东西，或照自己的想法做事，我们很高兴别人能够征询我们的愿望、需求和意见。

协作永远使自己受益也让别人受益。而只顾自己的人不会让别人受益，自己也不会受益。只有懂得协作的人，才能明白协作对自己、别人乃至整个团队的意义。一个放弃协作的人，也会被成功所遗弃。

一个卓越的团队，合作的基础是沟通理解，要谋求自身发展，就必须追求与合作方都有利的一面，经由合作达到共赢。

现代企业讲求双赢的战略，不但使自己获利也使别人获利。团队内部的成员之间也应该讲求双赢的战略，因为给别人机会就是给自己机会，自己损失一点儿往往会得到更多。可是，有些团队成员之间拉帮结派，自己没有机会也不能让别人有机会，结果都以失败告终。这不仅会影响团队成员之间的团结，而且会涣散团队的军心，给对手以进攻的机会。

团队协作需要默契，但这种习惯要靠长期的日积月累，还要靠明确的约束和激励来养成。没有规矩，不成方圆，冲天的干劲引导不好也会欲速而不达。

"当一群人为了达到某个目标而组织在一起时，这个团队立即产生唇齿相依的关系。"目标是否能实现，是否能达到预期的工作绩效，取决于团队中的成员能否都对自己负责，对团队成员负责，最终对整个团队负责。明确责任体系就是保证成员能够成功地完成这一任务。

在工作过程中，与他人和谐相处，密切合作是一个优秀员工所应具备的、必不可少的素质之一。越来越多的公司把是否具有团队协作精神作为甄选员工的重要标准。团队协作不是一句空话，一个懂得协作、善于协作的员工，是推动工作前进的极好的润滑剂。工作能力强，具有团队协作精神的员工是公司高薪聘请的对象；而不肯合作的"刺头儿"，势必会被淘汰。

对于企业内部的员工而言，协作造就团结，这也是双赢，是员工之间的双赢。这种双赢战略能够增强企业的核心竞争力。团队成员之间彼此负有责任，才能都忠诚于对方。

在同一个办公室里，同事之间有着密切地联系，谁都不能脱离群体而单独地生存。因为在专业分工越来越细、竞争日益激烈的今天，仅靠一个人的力量是无法应对千头万绪的工作的。在一个公司里，几乎没有一件工作是一个人能独立完成的，大多数人只是在众多分工中担任一部分工作。只有依靠部门中每位成员的互相合作、互补不足，工作才能顺利进行，才能成就一番事业。依靠群体的力量，做合适的工作而又成功者，不仅是自己个人的成功，同时也是整个团队的成功。相反，明知自己没有独立完成工作的能力，却被个人欲望或感情所驱使，去做一个根本无法胜任的工作，那么失败的几率一定很大。这不仅是你一个人的失败，还会牵连到周围的人，进而影响整个公司。

古以色列国王所罗门说："铁能断铁，人能伤人。"如果你能与队友协作，你成功了，他们也成功了，整个团队就赢了。因此，积极地培养自己的团队协作精神吧，在团队中感染积极的氛围，让自己在团队中得到成长，从而会使得你的事业蒸蒸日上，你的工作将会更加优秀！

11 保持
身心健康

　　身体是革命的本钱。当一个人失去健康的时候，他就失去了一切和一切可能。保持健康与获得成功是不矛盾的，因为拥有健康的身体本身就是一种成功。一个真正的成功者，应该是一个身心健康的成功者。

　　健康是别人夺不走的资本，拥有这个资本，你就能获取更多的财富，使你终生受用不尽。健康对我们的生活和工作都起着重要的作用。

　　"我每天过得越来越好。"有些人每天在醒来和就寝前都要把这句话朗诵好多遍。对他们来说，这句话并不是华而不实的语言表达，而是说明健康来自积极的心态。对于健康，很多人都明白，积极的心态会给人身心健康带来好处，消极的心态则可能引发疾病。现实生活中，到处都有人因为自己内心的挫折、仇恨、恐惧或罪恶感，而对自己的健康造成伤害。因此，要保持身体健康，首先要摆脱所有不健康的思想。我们必须清洁自己的心灵，为了身体的健康，先除去心中的消极念头。

　　许多人之所以饱尝着"壮志未酬"的痛苦，就因为他们不懂得常常去维持身心的健康。经常保持身心健康，是事业成功的保障，是保障工作效率的重要前提。

一位政坛元老曾说过："有两件事对心脏不好：一是跑步上楼，二是诽谤别人。"这两件事不仅对心脏不好，而且对人身体的其他器官也有很大的影响。所以，学会宽恕很重要，如果你做到了，有一天你会发现，体谅别人会起到奇妙的治疗效果。

许多家报纸曾报道过这样一则新闻：有一名男子在过马路时不幸被车子撞倒而丧命。验尸报告说，这个人有肺病、溃疡、肾病和心脏衰弱。可是，他竟然活到了84岁。给他验尸的医生说："这个人全身是病，一般情况，30年以前早该去世了。"有人问他的遗孀，他怎么能活这么久？她说："我的丈夫一直确信，明天他一定会过得比今天更好。"

在运用积极心态方面，多使用积极的表述，也会有利于身体健康。语言文字是很有影响力的。如果你经常运用消极的话语来描述你的健康状况，就可能激发对你身体有害的消极力量。你习惯性使用的一些字眼，能反映出你内在的某些消极思想。而你的思想是积极还是消极，会直接影响你内在的各种器官的健康状况。

曾任美国精神治疗协会会长的卡特博士在谈到一个人所持的肯定态度对健康的影响时，甚至反对人们使用像"我今天不会生病"这样的说法。他认为那只是半积极的态度，应该改为"我今天感觉比昨天好"，这才是非常积极的陈述，也是一种引导健康的想法。卡特博士说："肯定的态度是以科学的事实为基础的，这些事实源于生物学、化学、医学等。正确地运用肯定的态度会有助于改善你的健康，延长你的寿命，使你精力充沛，倍感幸福，从而在各方面取得成功，并且还能使你保持心里的平静。

健康的身体需要健康的思想、健康的态度来支撑，只有一个人的思想变得年轻、上进、充满活力，对待生活的态度更加积极，他的身体才能保持健康。健康的思想就像闪电一样，能迅速地将信息传递到身体的每一个细胞，使每一个细胞都更加活跃、积极。

同时，你的身心健康也会受到自然法则的规范，它对于你身心的规范和对于树木、山脉、鸟和动物的规范并没有什么不同。因此，想要了解保持身心健康的方法必须先了解自然界的法则，你必须和自然力和谐相处而不是要和它对抗。由于人的身体是由大脑控制的，所以，想要有健康的身体就必须具备积极的心态、健全的意识。务必在工作、娱乐、休息、饮食和研究等方面，都能培养出良好而且平衡的健康习惯。

体力与事业的关系非常重要。人们的每一种能力，每一种精神机能的充分发挥，与人们的整个生命效率的增加，都有赖于体力的旺盛。

一个整天埋头于工作，而生活中毫无游乐的人，往往会在事业上趋于衰落，因为他缺乏各种不同的精神刺激和养料。一个只专注于工作而很少休息、没有游乐，甚至在大脑中毫无休息与游乐细胞的人，他的动作一定不会像一个有休息、有游乐头脑的人那样自然，那样有力。

工作之后娱乐，思想活动之后从事体力活动，严肃之后保持幽默。如果能持之以恒，必能保持良好的健康状况和快乐的心情。如果你能以积极的心态生活，并能得到健全的思想和健康的身体，有了健康的体魄之后，我们才可以享受健康长寿的生活。

很少有人明白身体健康与事业之间的关系是多么的重要，多么的密切。其实，人们的每一种能力与才干的增加，以及整个一生工作的效能的增加，都有赖于身体的健康。

身体的健康与否，可以决定一个人勇气与自信心的有无，而勇气与自信，又是事业取得成就所必备的条件。身体衰弱的人，遇到困难往往会畏缩、犹豫，也就很少会有创新的精神。

要想在你的一生中取得成功，最重要的一点是每天都要以一副身强力壮、精力饱满的身体去对付一切。那种以有气无力、委靡不振的躯体去对付一切的人，永远不可能取得胜利。

对于整个生命所系的大事业，你必须尽你的全力，否则就不能成功。如果你有强健的身体，那么不论做什么事情，都不会陷于被动，而完全出于主动，出于自告奋勇。工作不是出于被动和勉强，你才会坚强有力，专心一致，最终取得独特的开创性成就。所以无论做什么事，如果表现出软弱，绝没有成功的希望。许多人之所以失败，其原因即在于此。如果一个人做起事来有气无力、死气沉沉、目标低下、思想落后、意志不坚、脚步不稳，那么他永远做不出大的成就来。

一个优秀的将军不会率领一支精力疲乏、士气不振的军队去和敌军交战。他一定要率领精神饱满、训练有素的精兵，才肯去参加战斗。

一个人的成功和失败，就在于你能否保重自己的身体，能否总是使你的身体处于精力充沛的状态。一匹日行千里的骏马，如果吃不饱，它的力气就会不足，比赛的时候反倒不如一匹平常的马。一个具有专门才干、精力充沛的人，要远胜于自我放纵而致精力衰弱的人。如果在人的身体里和血液里，没有储藏充分的精力和能量，那么一遇挫折，便会不堪一击。

强健的体魄里蕴涵着伟大的创造力，可以增加人们各部分机能的力量，做起事情来，与那些体质衰弱者相比，自然效率更高、更有成就。

很多人经常抱怨，过量的工作和压力让他们喘不过气来。其实，他们之所以有这种感觉，是因为自己给自己增加了许多不必要的思想负担，破坏了自己的情绪，将时间浪费在了并不重要甚至毫无意义的事情上。

西奥多·罗斯福之所以能成功，也正是由于他能注意身体健康这一成功资本。如果他不注意身体，也许他就失败了。罗斯福曾经说过："我小的时候本是个体弱多病的孩子，因为能够注意锻炼，身体就日趋健康，精神日渐充沛，所以做每一件事，必定能达到预先确立的目的。"

　　健康的维持，有赖于身体中各部分的均衡发展；而成功的取得，又有赖于身体和精神两方面的均衡发展。所以，我们对于体力和智力、身体和精神，都要兼顾并重。一般人只偏重于发展一方面，比如通过某种方式的锻炼过分刺激某一部分肌肉的细胞，却忽略了营养。而营养不足也容易引起体力的衰弱，因此适当的营养也非常重要。

　　凡是有志成功、有志上进的人，都应该珍惜、保护体力与精力，而不使其有稍许浪费，因为体力、精力的浪费，都将可能减少我们成功的可能性。

　　英国的一个著名医生说过："你如果想要长寿，那么在睡眠时间以外，一定要使神经活泼。此外，除了正当职业，还应该有有益的生活嗜好，这嗜好往往可以给人带来愉快，使人们工作的兴趣增强，使人们的生活丰富有趣。"要知道，生命就在于运动，闲着不动便是死亡。

　　健康是人生的最大财富。失去了健康，生命会变得黑暗与悲惨，会使你对一切都失去兴趣与热忱。能够有一个健康的身体，一种健全的精神，并且能在两者之间保持美满的平衡，这就是人生最大的幸福！

第三章

别让消极的态度误了你的一生

所有消极的心态都是不可取的，不同的人生态度会造就完全不同的人生风景。那些消极的心态——自卑、懦弱、悲观、保守……只会把人生引向不完美。

人生总会遇到一个个险滩，渡过了这些险滩，就会风平浪静，就会获得胜利的喜悦。渡过险滩靠的不是消极的等待和悲天悯人。

01 消极的心态
会带来坏事情

美国前总统托马斯·杰斐逊曾经说过这样一段话："没有什么困难可以阻止一个拥有正确心态的人去达成他的目标；相反，这个世界上也没有任何神灵可以帮助一个拥有错误心态的人达成他的正确目标。"

就某种意义来说，说这句话的人正在运用积极的心态，正在把生活中较好的东西吸引到他的身边，正在运用本书作者要你运用的力量。

一位法国心理学家教给我们一个培养积极心态并保持健康意识的简单方法。每天对自己说："每一天，在每一方面，都越来越好。"我们应每天多次对自己重复说这句话，直到它印在我们的潜意识中为止，接受它并且去履行它。

这是一项简单但很有效的自我暗示方法，但这个方法的成败全凭你对这句话的信仰程度而定。

我们的内心会受到周遭环境的影响，如果在它的周遭环境中注入正确的意念时，我们就会深信它。

医生说："这个孩子活不成了。"他所说的孩子是个刚生下来两天的婴儿。

"这个孩子一定会活下去！"父亲回答道。这位父亲具有积极的心态——他有信心，他相信祈祷，更相信行动。他开始行动起来了！他委托一位小儿科医生照料这个孩子，这位医生也有积极的心态，作为一名医生，根据经验他知道，自然给每种生物的生理缺陷都提供了一个补偿的因素。这孩子确实活了！

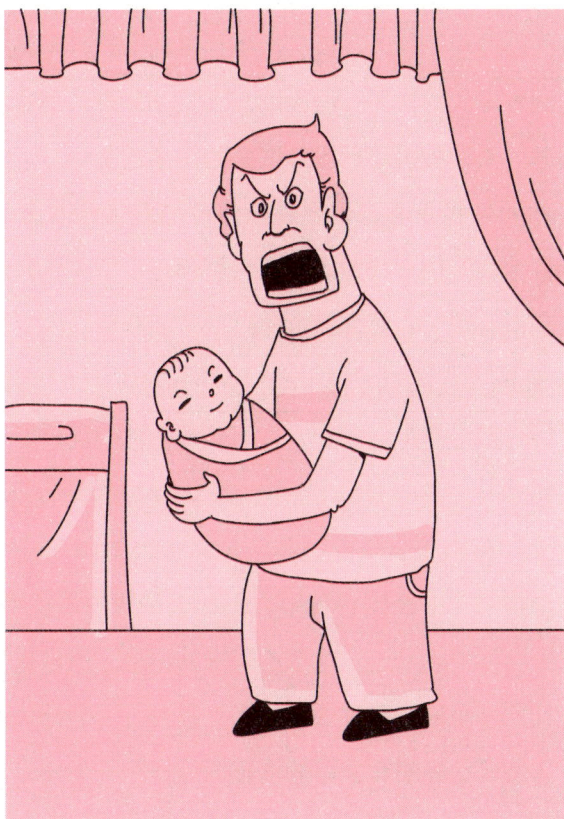

积极的心态会促进心理健康和生理健康，延长寿命。而消极的心态一定会逐渐破坏你的心理健康和生理健康，缩短你的寿命。有些人由于恰当地运用了积极的心态，因此拯救了许多人的生命；这些人之所以得救，就是因为接近他们的人具有强烈的积极心态。

一位62岁的建筑工程师回到家里，上床睡觉时，感觉胸痛，呼吸急促。他的妻子比他年轻10岁，非常害怕，她怀着希望为丈夫按摩，试图促进他的血液循环。但是，他死了。

"我再也不能活下去了！"这位寡妇对她的母亲说。于是，这位寡妇承受不住心理上的打击也抑郁而死了。她和她的丈夫死在了同一天！

活了的婴孩和死了的寡妇都证明了积极的心态和消极的心态都具有强大力的量。积极的态度相互传染，就会产生积极的影响，带动更多人主动进取、奋发图强，创造出更大的价值；消极的态度相互传染，就会使人们不思进取，甚至堕落、倒退，延误和阻碍行业和团队的发展进步。

从现在开始发展积极心态，要为任何可能发生的紧急情况而做好准备，确立一个生活目标。记住：当你有了生活目标时，下意识心理能把强大的激励因素加到你的意识心理上，使你在危急时刻能够有勇气生存下去。

马丁在他所著的《你的最大力量》一书中讲到一个团的英军，他们把《圣经》第91首赞美诗作为催化剂，这不仅帮助他们保住了生命，而且还帮助他们取得了胜利。

马丁写道："英国著名工程师和一位最伟大的科学家罗逊在他的书《被理解的生命》中讲述了一个团的英军在上校威特西的指挥下，在长达4年的各次战役中，却没有损失一个人。这个不平常的记录之所以成为可能，是由于官兵积极合作，大家经常记忆和背诵《圣经》第91首赞美诗的词句，他们把这首诗作为获得胜利及保护健康和生命的催化剂。"

我们需要有一个健康而强壮的身心。这是可以做到的，只要我们能够过一种有节制、有秩序的生活。

拥有健康并不能拥有一切，但失去健康却会失去一切。健康不是别人的施舍，健康是对生命的执著追求。

洛克菲勒退休后，他确定的主要目标就是保持身体和心理的健康，争取长寿，赢得同胞的尊敬。下面是洛克菲勒如何达到这个目标的纲领：

1.每星期日去参加礼拜，记下所学到的原则，供每天应用。

2.每晚睡8小时，每天午睡片刻。适当休息，避免有害的疲劳。

3.每天洗一次盆浴或淋浴，保持干净和整洁。

4.移居佛罗里达州，那里的气候有益于健康和长寿。

5.过有规律的生活。每天到户外从事喜爱的运动——打高尔夫球；吸收新鲜空气和阳光；定期享受室内的运动；读书和其他有益的活动。

6.饮食有节制，细嚼慢咽。不吃太热或太冷的食物，以免烫坏或冻坏胃壁。

7.汲取心理和精神的维生素。在每次进餐时，都说文雅的语言，还同家人、秘书、客人一起读励志的书。

8.雇用毕格医生为私人医生。（他使得洛克菲勒身体健康、精神愉快、性格活跃，愉快地活到97岁高龄。）

9.把自己的一部分财产分给需要的人以共享。

起初洛克菲勒的动机主要是自私的，他分财产给别人，只是为了换取良好的声誉。但实际上却出现了一种他没有预料到的情况：他通过向慈善机构的捐献，把幸福和健康送给了许多人，在他赢得了声誉的同时，他自己也得到了幸福和健康。他所建立的基金会将有利于今后好几代的人。他的生命和金钱都是做好事的工具。他达到了自己的目标。

正确的态度使我们拥有正确的思想、良好的情绪、积极的生活态度，这样，我们看问题的角度就会更趋理性、更科学，处理事情的时候就会更加准确、积极、有效，并努力促使其朝着好的方向发展。当我们的头脑中充满积极态度的时候，原先的消极态度就会无处藏身，别人的消极态度也无法传染并毒害我们，我们便能形成正确的生活方式。

02 打破自卑
的恶性循环

　　自卑感是一种过低评价自己、妄自菲薄的自我意识。自卑者通常表现为：缺乏自信，总以为自己在某些方面不如他人，大都孤独，缺乏人际交往，不敢正视别人，不敢大胆做事，像一只老鼠一样，走路都要顺着墙角走。拿破仑说："默认自己无能，无疑是给失败创造机会。"因此自卑对于自己的发展十分不利，必须想办法克服和超越自卑。

　　自卑者面对生活缺乏勇气，不能与强大的外力相抗衡，致使自己在痛苦的陷阱中挣扎。没有人愿意成为一个自卑的人。所有在实际生活中说自己为某事而自卑的人，都认为自卑不是好东西。他们渴望着把"自卑"像一棵腐烂的枯草一样从内心深处拔出来，扔得远远的，或者把自卑重重地摔在地上，从此挺胸抬头，脸上闪烁着自信的微笑。

　　自己瞧自己不顺眼，总觉得自己矮人一头，这就是自卑。当然这"不顺眼"、"矮一头"都是以别人为参照标准的："我皮肤黑"，是和别人比而显得"黑"；"我个儿矮"，矮是相对于高而言的；"我眼睛小"，世界上有许多大眼睛的人，才衬托出了"小"。这些和别人不一样的地方，实实在在摆在那里，让你藏不了、躲不了、忘不了，于是你有了自卑的理由。你可怜自己又恨自己，于是耗费大量的心理能量和时间精力，企图去改变那些和别人不一样的地方，但却常常收效甚微。

杰克曾经是个自卑的人。但自从他开始从事心理咨询这个工作以后，就变得越来越自信了，这一点可以从参加会议时他坐的位置来证实——过去，他总是坐在角落里，即便对某些问题有看法也不轻易发言；而现在他经常坐在前面，即使对会议主持人也敢发表不同看法。这种变化，当然是得益于心理咨询，在为别人排解心理困扰的同时，杰克也获得了观察、了解、认识人的许多新角度和方法，从而也更深刻地了解了自己和周围的人。

有个小女孩的事情有点好笑，但它给了我们一个很大的启示：自卑原来都是自找的！

有个女孩儿为了自己耳朵上的一个小眼儿而非常自卑，于是去找心理医生咨询。医生问她眼儿有多大，别人能看出来吗？她说她梳着长发，把耳朵盖上了，眼儿也只是个小眼儿，能穿过耳环，不过不在戴耳环的位置上。

医生又问她："有什么要紧吗？"

"哦，我比别人少了块肉呀，我为此非常苦恼和自卑！"

现实生活中像她这样的人实在是太多了，这种人诉说他们因为某种缺陷或短处而特别自卑。把这些缺陷或短处集中起来，几乎无所不包：什么胖啦、矮啦、皮肤黑啦、汗毛重啦，什么嘴巴大、眼睛小、头发黄、胳膊细啦，什么脸上长了青春痘、说话有口音、不会吃西餐、家里没有钱啦，统统都是自卑的理由，而"耳朵上的一个小眼儿"大概是其中之最了。

这个"耳朵上的小眼"不能不引起我们的思考。美国人本主义心理学家马斯洛不满意弗洛伊德式的研究，认为他们只关注病态的人。他说："如果一个人只潜心研究精神错乱者、神经病患者、心理变态者、罪犯、越轨者和精神脆弱者，那么他对人类的信心势必越来越小，他会变得越来越'现实'，尺度越放越低，对人的指望越来越小。"马斯洛着重研究了那些"自我实现的人"，在这个基础上使心理治疗成为开发人的潜能、改善人的生活质量的一个新途径。

当我们把目光从自卑的人身上转移到那些自信的人身上时，便会有新的发现：并不是上帝对他们偏爱有加，让他们全都完美无瑕。如果用"耳朵上的小眼儿"这样的尺度去衡量，他们身上的种种缺陷恐怕也是多得数不清。拿破仑的矮小，林肯的丑陋，罗斯福的瘫痪，丘吉尔的臃肿，哪一条不比"耳朵上的小眼"更让人痛不欲生？可他们却拥有辉煌的一生！如果说他们都是伟人，我们凡人只能仰视，就让我们再来平视一下周围的同事、朋友。你可以毫不费力地就在那些成大事者身上找出种种缺陷，可他们却都照样活得坦然自在。自信使他们眉头舒展，腰背挺直，甚至连皮肤都熠熠生光！

有人说，自信的人才可爱，这句话有一定的道理。一个自信的男人，会使女人获得安全感；一个自信的女人，会使男人感到温暖安详。而自卑的人，不由自主地会在别人面前，甚至是自己喜欢的人面前显出一种不自在，他总在担心别人会怎么看自己。这种不自在会微妙地影响人与人的关系，使双方经常"误读"对方的信息，造成隔膜与冲突。而自信的人，与人交往时坦诚自然，能更多地流露出自己的本色，从而更有效地与人沟通和交流，很容易就能建立起健康的人际关系，为自己赢得友谊和爱情。

自卑的人并不是自己想自卑，而是因为他们缺乏内心安全感。他们总是特别"善于"发现自己的缺陷、短处和生活中对自己不利的方面，然后用放大镜看它们，结果只能是吓坏了自己——自己竟然是如此糟糕，怎么能去和别人比、和别人竞争呢？为了让自己不被可能遭受的失败所打击，他们躲避竞争，回避交往，结果是失去了越来越多地发展机会。不断遭受的挫折似乎又在证明：瞧，你就是不行！渐渐地就形成了这样一个恶性循环。

只有打破自卑的恶性循环才能逐渐建立自信。但"打破"需要决心和勇气，还要讲究科学——要求一个不自信的人去做一件对他来说是非常困难的事情，只能增加他的焦虑。

"打破"是一个从认知到行为的过程。没有认知上的改变，很难有行为上的突破；没有行为上的突破，就不会产生新的体验。

曾任美国国会参议员的爱尔默·托马斯15岁时常常被忧虑恐惧和一些自我意识所困扰。比起同年龄的少年，他不但长得太高了，而且瘦得像支竹竿。他除了身体别人高之外，在棒球比赛或赛跑各方面都不如人。同学们常取笑他，给他起了一个"马脸"的外号。但是托马斯的自我意识极重，不喜欢见任何人，又因为住在农庄里，离公路很远，几乎碰不到几个陌生人，所以平常只能见到他的父母及兄弟姐妹。

托马斯说："如果我任凭烦恼与恐惧占据我的心灵，我恐怕这辈子都无法翻身。一天24小时，我随时为自己的身材自怜。别的什么事也不能想。我的尴尬与惧怕实在难以用文字形容。我的母亲了解我的感受，她曾当过学校教师，因此告诉我：'儿子，你得去接受教育，既然你的体能状况如此，你只有靠智力谋生。'"

但是，不久以后发生的几件事帮助他克服了自卑感。其中有一件事还带给了他勇气、希望与自信，改变了他今后的人生。这些事件的经过如下：

第一件：入学后第八周，托马斯通过了一项考试，得到一份三级证书，可以到乡下的公立学校授课。虽然证书的有效期只有半年，但这是他有生以来，除了他母亲以外，第一次证明别人对他有信心。

第二件：一个乡下学校以月薪40美元的工资聘请他去教书，这更证明了别人对他的信心。

第三件：领到第一张支票后，他就到服装店，买了一套合身的服装。

第四件：这也是他生命中的转折点，战胜尴尬与自卑的最大胜利，发生在一年一度举行的集会上，他母亲督促他参加集会上的演讲比赛。当时这对他来说，那简直是天方夜谭。他连单独跟一个人说话的勇气都没有，更何况是要面对很多人。但是在他母亲的坚持下，他还是报名了，并且为这次演讲做了精心的准备。为了把演说内容记熟，他对着树木与牛群演练了上百遍。结果竟然超出了他本人的预料，他得了第二名，并且赢得了一年的师范学院奖学金。

后来托马斯在回忆自己的人生历程中，还不止一次说过："这四件事成为我一生的转折点。"

由此看来，自卑其实就是自己和自己过不去。也许你不漂亮，但是你很聪明；也许你不够聪明，但是你很善良。人有一万个理由自卑，也有一万个理由自信！丑小鸭变成白天鹅的秘密，就在于它勇敢地挺起了胸膛，骄傲地扇动了翅膀。

不管你以前怎样看待自己，从现在开始，有意识地调整自己，你可以尝试一下下面的几个方法：

1.尽力发泄法。自卑者一般都是性格比较内向不善于表达的人，当这种不良情绪产生时，大都沉默少言，极力躲避周围熟悉的事物。这样并不利于自卑者缓解压抑的心情，正确的做法是找亲朋好友或心理医生将自己内心的自卑情绪发泄出来，而且发泄得越彻底越好。

2.自我认知法。自卑的人特别看中他人对自己行为的看法和反应，很少对自己的行为、形象进行直接、客观的观察和评价。不自信的人尤其注重他人的否定评价，因此常常会有"既然大家都认为我不行，那我一定是不行的"错误思想，这就是自我暗示心理造成的不战自败的结局。这时，最应该做的不是"知难而退"，而是静下心来理性地分析一下自己，然后决定是做还是不做，决定做就要树立起"自己不比别人差"的信念。

3.精神刺激法。当一个人要处理一件从未接触过的事情时，紧张、恐惧失败的思想肯定是有的，但有的人之所以能成功地走到最后，是他能及时调整自己些许自卑的心态，当行为过程中遇到困难时他不是停滞不前，而是想办法解决。他首先分析事件的轻重缓急，先完成一些简单易行的工作，循序渐进，对重大疑难的问题慢慢瓦解，一步步地克服困难，在工作进行过程中不断地给自己打气，并且始终牢记：即使要行万里路，也要一步一步地走，任何事情的最终成功都是通过平时一点一滴的努力才实现的。

所以切忌在中途遇到棘手问题或出现疑难时就怨天尤人、垂头丧气、丧失信心，要知道许多事情的结果并不是我们能决定的，虽然"谋事在人"，却"成事在天"。当我们通过自己的努力取得哪怕一点成绩时，都应该加以表扬，以此一步步地克服自卑，这样才能取得更大的成就。

4.勤能补拙。数学家华罗庚说："勤能补拙是良训，一分辛劳一分才。"凡事只要尽全力去做，一定会有收获，那些有所成就的人大都勤奋上进。另外要相信"有志者事竟成"，在遇到挫折时不气馁，认真反省，用自己双倍的汗水去向自己设定的目标迈进，"不成功，则成仁"。不要总是认为别人一定比自己强大，羡慕别人而贬低自己，那样等待你的定是一事无成的结果。另一方面，如果一个人知道自己在某些方面存在不足，并下定决心将自己的欠缺加以弥补，对症下药，则是一种难得的品质，也是克服自卑的一种手段，常言道：人贵在有自知之明。5.扬长避短法。任何一个人的存在都有价值，存在就是理由。音乐大师贝多芬不到30岁时耳朵开始出现疾病，后来完全失聪。起初他十分痛苦，尽量瞒着别人，避免与人进行语言交流，他曾"痛苦得不出一声"，因为做音乐离不开耳朵，就像跳舞离不开双腿一样。但贝多芬并没有陷入痛苦的泥潭中不能自拔，他更加勤奋，勇敢地面对自己"无声"的世界，用心去编曲，用心去聆听，因而在那段时期他创造了音乐史上的奇迹：他一生中最伟大的作品都是在他失聪以后创作的。

因此，只有主观努力才能决定一个人的最终成功。一个人有缺陷和缺点并不可怕，关键是能否正确对待自己的缺陷，让它成为激发潜能的动力。

6.多与人交往。人一旦有了自卑情绪，就会将内心封闭起来，不愿与人相处，自卑者之所以选择孤独，在很大程度上是因为自己轻视自己，缺乏建立正常人际关系的信心，从而造成别人也看不起他，不想与其相交相知，导致周围可信任的朋友很少。我们在学生时代大多会有这样的经历：因为求学要到一个完全陌生的环境，这种环境与我们以前的生活环境完全不同，当遇到文化和语言差异而一时难与新环境融为一体时，许多同学会产生自卑情绪，使本该快乐的生活笼罩上忧郁的气息，其实只要我们理性地分析一下，多与周围的新同学接触沟通，时间长了，随着对新环境认识的加深，自卑感也会自动化解。

03 绕开好高骛远的
　　行动陷阱

　　人往往很容易把自己看得很高，因而产生好高骛远，贪多求大，总想在事业起步时就能站在高起点上的想法。可这样的结果，往往是适得其反，大多时候难以如愿以偿。因为对未来的期望值过高，要求太多，反而容易急功近利，心浮气躁，这样做的结果当然是攀不上成功的巅峰。

　　在今天这个充满着浮躁和功利的社会，很多人每天都在想办法寻求成功的捷径，尽可能的钻空子、占便宜，而不愿意脚踏实地地按照正常的程序去做，最终白白地丢掉了成功的机会，也丧失了更多的自我发展的可能。

　　有一个年轻人，给自己定下的目标是做一个伟大的政治家。

　　在这样一个和平的时代，要做一个伟大的政治家，他就应该先读大学的政治专业，或者别的文科专业，然后在分配的时候努力进入一个有希望能得到晋升的政府机关，并在单位进行各个方面的努力。

　　而这个年轻人，在定下这个目标之后，他竟然什么都没有去做。

　　这时他还在读高中，成绩平平。家里人督促他学习的时候，他是这么说的："我的目标是做一个伟大的政治家，做一个像毛泽东那样的伟大人物，读书做什么？"

他的这个目标原来是来自于那些伟大人物的激发。奇怪的是，他为什么不想想怎么才能达到目标呢？

高三的时候，他就开始不专心学习，似乎也不想去考大学了，只是看课外书，他看的课外书当然都是一些政治人物传记，像《林肯传》、《丘吉尔传》、《周恩来》等。除了看伟人传记，他所做的就是玩了。

他也许在想，林肯也没有读多少书呀，那些伟大人物都没有读多少书呀。

在生活中，他也开始用伟大政治人物的眼光来看待人和事物。比如，他的妹妹和小姐妹闹矛盾了，他以毛主席的口气说："你们两个，吵什么嘛！要团结，不要搞分裂；要和平，不要搞战争！"

在对待同学、家长时，他都以伟大人物的口气说话。久而久之，大家都对他敬而远之了。而他，由于沉浸在伟人梦中，不好好读书，最终当然也没考上大学。一个没受过高等教育的青年，在现在的和平年代里，有可能成为一个伟大的政治人物吗？

也许有可能。但即使有，也是对那些肯上进、求进取的青年来说的，而

不是他这样的青年。

从他的表现来看，毫无疑问，他是个典型的好高骛远的人。所谓好高骛远，就是不切实际地追求过高的目标。每个人都有自己的极限，超过自己极限的事，当然是不可能做到的。让一个从来没有念过书的人去做爱因斯坦，这可能吗？

脚踏实地是我们每个人必备的素质，也是实现梦想、成就一番事业的关键因素，自以为是、自高自大是脚踏实地工作的最大敌人。你若时时把自己看得高人一筹，处处表现得比别人聪明，那么你就会不屑于做别人的工作，不屑于做小事、做基础的事。

因此，要想实现自己的梦想，就必须调整好自己的心态，打消投机取巧的念头，从一点一滴的小事做起，在最基础的工作中，不断提高自己的能力，为自己的职业生涯积累雄厚的实力。

04 犹豫不决
的行动障碍

兵家常说："用兵之害，犹豫最大也。"犹豫不决，当断不断往往给人软弱无能的印象。这种表现不仅在战场上要不得，在办事中也是一样的道理。办事要讲究时机，所谓机不可失，时不再来；如果犹豫不决，当断不断，那你只会一败涂地，无立身之外。因此，斩钉截铁、坚决果断，已成为办事的成功秘诀之一。

行动能使人走向成功，这似乎是人尽皆知的道理，但当人们面临行动时，往往就会犹豫不决，畏葸不前。"语言的巨人，行动的矮子"不在少数。人们总是在无意识地寻找各种维持现状的理由，其实是因为没有决心，没有勇气。我们根本不需要考虑这么多，只要付诸行动，一切的犹豫就会自行消散。

世界上有很多人意识不到自己的潜力，过分的谨慎阻碍了他们前进的脚步。他们知道自己能干得更好，但他们从没有向前进取过。他们总是找很多的理由说服自己自觉不如那些比自己成功的人。他们看见了机遇，但不去抓住它们。他们看到别人成功了，就纳闷自己为什么不行。他们也想拥有万贯家财，但就是不采取行动。

在面对是否采取行动的问题上，特别是当这种行动可能会冒一定的风险时，我们会发现自己容易犹豫不决、坐失良机。这种情况，是传统的观点在作怪：不要轻易去尝试，不要鲁莽行动，这里很可能有危险。

缺乏信心也是人们常常犹豫不决的原因。我们很明白自己的弱点，而怀疑就经常从这里产生。我们对一切了解得太多，所以我们生性谨慎，宁愿推迟重大的决定，有时甚至无动于衷。

许多人害怕做决定。他们不敢承担责任，因为他们害怕承担自己做出决定的后果。他们担心，如果今天他们做出决定，明天或许会有更好的选择，他们会因此而后悔当初的选择。这种习惯性的左右摇摆，彻底毁掉了自己的自信心，他们不相信自己能够承担重要的决策。他们不敢做什么决定，这种致命的弱点毁坏了他们天生的聪明才智。

犹豫不决、优柔寡断是办事的一个阴险的仇敌，在它还没有破坏你、限制你办事之前，你就要即刻把这一敌人置于死地。办任何事情就应该速战速决——当机立断，一味地犹豫，久拖不决，只能坐失良机，导致失败。只有办事果断，你才能抓住先机，取得成功。

05 走出因循
守旧的沼泽地

很多情况下，我们的失败都源于自己的种种限制，并且这些限制大多数都是作为一种虚幻的概念而存在，并非如我们想象的那样无法逾越。但遗憾的是，我们很难分清，甚至根本就没有去区分这种虚幻存在与真实存在的不同。因此我们就一直被禁锢在自我设限的牢笼里度过一辈子，这岂不是人生的悲哀！

因循守旧的人总是抱着自己的老观念不放，不主动接受新鲜的思维，进行脑力革命。这其实就是思维上的惰性所导致的。成大事者必须要时刻学会"洗脑"，摒弃因循守旧，创新求变，才能有真正的成功！很多人常抱怨自己脑子太笨，这是因为不开动脑筋，总是停留在过去的思维模式中打转转。

要想成大事，因循守旧是我们必须克服的一大障碍。不要指望未来某个不确切的时候"情况将会好转"，而将就着过日子。如果不改变因循守旧的习惯，那些转机将永远不会来临。事物有一个可悲的趋势，那就是它们永远不会自我转变。靠一个精神上的"延期计划"生活，总是期待和希望，这是无益的，它永远不会把你带到某一个目的地。你可以想象一下，看是否常常对自己说：

1.我希望一切都将朝最有利的方面转变；

2.我愿自己能在这件或那件事上做些什么。

你承认正用这些想法在自己周围建立封锁线吗？你意识到"希望"和"祝愿"这两个词实际上使得你什么也不去干吗？坐等不会给你带来什么，事实上，你的惰性可能已经引起了一种情感上的麻痹，使你不能对一些事情做出一些重要的决定。

你应该对自己说"我已经明白"，并且马上行动起来。除非你去促成事物的转变，否则，未来的情况将是依然如故。

当然，要干，就需付出代价和担当风险，你的努力也可能会遭到失败；如果你避免干任何事情，你也许可免遭风险和失败。但是，你避免可能失败的同时也就避免了可能的成功。

要找出你身上因循守旧的原因，可试着问自己：

1.计划着一些令人激动的事情，但从来不实行这些计划吗？例如去休假，或者观光旅游等。

2.拒绝做任何对自己也许是一种挑战的事情吗？例如控制饮食，戒烟，或者选修一门大学的课程。

3.过多地依赖自己的朋友吗？过于沉湎已厌倦的职业吗？过于依靠那些对自己厌烦的亲戚吗？或者过于留恋那已不再令人满意的住房吗？

4.一旦面临困难的任务或者某个将使自己处于危险境地的场合时，便立即变得忧心忡忡吗？

5.推迟做那些费力的或令人厌烦的事情吗？如清扫房间，修车，修剪草坪，或者写信。

还有一些人，他们要做的事情是如此之多，以致分散了自己的精力，周而复始地忙这忙那，整天被一些细枝末节的小事拖累着，使自己离成功越来越远。如果你认为自己可能是属于这类人，那么你可以问自己下列问题：

1.因为有一些"重要的事情"要做而推托自己亲爱的人们的要求吗？

2.由于首先必须照顾别人或者自己的职业而放弃了自己的幸福吗？

3.总是忙得没有一点自己可支配的时间吗？

4.因为家里或者办公室里有那么多活儿要干，以至于放弃了一个休假、一场电影或戏剧演出吗？

认真地考虑这些问题，你会很容易地找出自己因循的根源所在。从根本上说，因循就是害怕担当风险。当你对那些熟悉的然而也是有害的信号作出反应时，你至少能够心安理得地维持现状。因循守旧可以说是生活的防身甲。

克服因循守旧的坏习惯并不像想象中的那么困难。你所必须做的一切便是，现在马上行动，而不是等到明天或者下个星期：关掉你正在看着的电视连续剧，立即着手写你的学术论文；放下你正在读的杂志，去打那些令人担惊受怕的电话；放下那一片送到嘴边的饼干，开始你的饮食控制；立即参加某一个自去年就吸引着你的课程学习；现在你从钱包里取出10美元，开辟一个特别储蓄，以备你一直期待着的某次休假之用。

罗斯一直想成为一名心理学家。她在读高中时，便节省钱以备上大学时用。高中毕业不久，她的父亲得了重病，母亲由于要照顾她的弟弟妹妹，只能部分时间出去工作，而她父亲的伤病补助费也是非常有限的，因此她必须放弃自己上大学的梦想。她把自己的储蓄用来学习打字和速写技术，很快便找到了一份秘书的工作。罗斯曾经多次产生了读夜大学的念头，但由于一个又一个的原因，她推迟了入学，就这样一学期又一学期地过去了。罗斯始终未能入学。"我真不明白，贝特丝，"她对自己最好的朋友吐露心事时说，"我真的愿意学习某些大学课程，但我要想获得心理学硕士学位，路途是如此遥远。首先，我得在大学文科熬四年，然后在研究生院再熬两年多。贝特丝，因为我只能在晚上去上课，我要到80岁才能取得硕士学位。"

这里，罗斯的思维方式犯了一个错误，她眼前所看到的只是6年全日制学习，而且还可能把6年看成12年甚至15年，因为她只能在晚间学习。但是，如果罗斯把她的总目标分解成一些小的目标，她最终将可能实现自己的愿望。罗斯应当说："贝特丝，我知道要取得学位得走很长的路，但这没关系。我将不管它大学文科四年的时间，而直接考虑在一个公共大学里学习两年，首先解决一些必要的基础知识问题。"

贝特丝应该回答说："甚至这两年也可以忘掉它，而集中考虑在每一学期里你将要修的一二门课。把你的总目标分解成若干初级目标，然后再把这些初级目标分解成一些易于实现的小段落。这时，你可以为实现你的初级目标而采取第一个行动了。一旦你形成了'实干'的习惯，你将会不断地有所建树，把一个成功建立在另一个成功之上，你将会比想象中的要更快而又更容易地实现那遥远的似乎是遥不可及的被不断延误了的愿望。"

这些话一点不错。有时我们因循守旧，是因为我们让生活的潮流拽着走，我们的生活陡然地由一处不知道的地方向另一处不知道的地方恶性循环。随着我们的理想在期望和等待的尘埃里埋葬，我们对自己的命运也失去了控制。然而，我们还很有理由地说是别人使我们不能做那些自己想做的事情，或者说是"我们无法控制的"环境使得我们如此之忙以至于不可能去改变自己的方向，以此来为自己的惰性辩护，这其实是自欺欺人。

因循守旧是思想的沼泽地，我们必须从中走出来，才可能达到成大事。走出因循守旧的沼泽地，关键看你是否已经认识到自己正被困在那里而浑然不知，走出去，你将会离成功更近一步。

06 别让悲观
   挡住阳光

不同的人生态度会造就完全不同的人生风景。乐观者能从低谷中看到希望，悲观者却背向阳光，只看到自己的影子。一个悲观的人往往在行动前就认定自己无可挽救，然而，更悲哀的是他已经习惯了在这样的思维模式下封闭了所有的路。

父亲欲对一对孪生兄弟作"性格改造"，因为其中一个过分乐观，而另一个则过分悲观。一天，他买了许多色泽鲜艳的新玩具给悲观孩子，又把乐观孩子送进了一间堆满马粪的车房里。

第二天清晨，父亲看到悲观孩子正泣不成声，便问："为什么不玩那些玩具呢？"

"玩了就会坏的。"孩子仍在哭泣。

父亲叹了口气，走进车房，却发现那乐观孩子正兴高采烈地在马粪里掏着什么。

"告诉你，爸爸，"那孩子得意洋洋地向父亲宣称，"我想马粪堆里一定还藏着一匹小马呢！"

　　思想决定态度，态度决定选择，选择决定命运。心理学上的"漏掉的瓦片效应"说的也是这种悲观者的心理。一栋房子顶上铺满了密密麻麻的瓦片，悲观者在看房顶时，不是看铺得很好很整齐的瓦片，而是专看那一块铺漏了的瓦片。凡事专挑自己的缺点，总是爱自己为难自己的人怎么能够快乐呢？

　　乐观主义者成功的秘诀就在于他们能够"释怀"。比如，有两个推销员，当推销失败之后，悲观主义者说："我不善于做这种事，我总是失败。"乐观主义者则寻找客观原因，他责怪天气、抱怨电话线路或者甚至怪罪对方。他认为，是那个客户当时情绪不好。当一切顺利时，乐观主义者把一切功劳都归于自己，而悲观主义者只把成功视为侥幸。

悲观的人总是习惯背对着阳光生活，他们看不到阳光，也感受不到快乐，要知道，人生的最高境界就是快乐。快乐是一种积极的处世态度，是以宽容、接纳、豁达、愉悦的心态去看待周边的世界。快乐的心境有利于开发人的创造力。快乐是积极地肯定自我，是紧紧地抓住现在。我们要让昨天所有的不快、失落化为云烟，只留下经验教训作为今天快乐的基石；要把对明日的忧心忡忡全部拒之门外，只让美好的向往为今日的快乐增添色彩。

面对现实的经济状况，以及生存的竞争，怎样才能使自己的心理调整到快乐状态，使乐观成为不可或缺的维生素，来滋养自己的生命呢？

也许很多时候我们不能改变环境，但是我们可以改变看待问题的角度，悲观者和乐观者仅仅是看待问题的思路不同而已。

苏格拉底的妻子是个心胸狭窄、性格冥顽不化、喜欢唠叨不休、动辄就破口大骂的女人，常常令堂堂的哲学家苏格拉底困窘不堪。一次，别人问苏格拉底"为什么要娶这么个夫人"时，他回答说："擅长马术的人总要挑烈马骑，骑惯了烈马，驾驭其他的马就不在话下。我如果能忍受得了这样女人的话，恐怕天下就再也没有难于相处的人了。"

据说苏格拉底就是为了在他妻子烦死人的唠叨声中净化自己的精神才与她结婚的。

有一次，苏格拉底正在和学生们讨论学术问题，互相争论的时候，他的妻子气冲冲地跑进来，把苏格拉底大骂了一顿之后，又从外面提来一桶水，猛地泼到苏格拉底身上。在场的学生们都以为苏格拉底会怒斥妻子一顿，哪知苏格拉底摸了摸浑身湿透的衣服，风趣地说："我知道，打雷以后，必定会有大雨的！"

这就是一个乐观者的态度。当他面临苦难和不幸时，绝不自怨自艾，而是以一种幽默的态度，豁达、宽恕的胸怀来承受。

要想走出悲观的情绪，就得时刻把关注点放到积极的那一方面。一个装了半杯酒的酒杯，你是盯着那香醇的下半杯，还是盯着那空空的上半杯呢？从篱笆望出去，你是看到了黄色的泥土还是满天的星星呢？以积极的心态去看待身边的事物，就会收到不同的效果。

有一位名人说："困苦人的日子都是愁苦；心中欢畅者，则常享丰宴。"这段话的意义是告诫世人设法培养愉快之心，并时常用快乐来主宰自己的生活，那么生活将成为一连串的欢筵。

悲观不是天生的，就像人类的其他态度一样，悲观可以通过努力转变成一种新的态度——乐观。只要学会改变看待问题的思路，相信阳光离你便不再遥远了。

07 不要成为
情绪的奴隶

在成功的路上，最大的敌人其实并不是缺少机会，或是资历浅薄，成功的最大敌人是缺乏对自己情绪的控制。愤怒时，不能遏制怒火，使周围的合作者望而却步；消沉时，放纵自己的委靡，把许多稍纵即逝的机会白白浪费。

想要成功必须使消极的情绪得到有效地控制，否则，人的生活质量、工作成效和事业成就将无法保证。米开朗琪罗曾说："被约束的才是美的。"对于情绪来说也是如此，一个人的情绪如果不能得到有效地调控，那么，他就有可能成为情绪的奴隶，成为情绪的牺牲品。

芬妮是一个脾气暴躁、情绪容易出现波动的女孩，经常因为小事和别人吵架。她的人际关系因此越来越紧张，结果男友也因难以忍受她的坏脾气，和她分手了。终于有一天，她觉得自己已经处于崩溃边缘。

她打电话向她的一个朋友詹森求救。詹森向她保证："芬妮，我知道现在对你来说是有点儿糟，但是只要经过适当的指引，一切就会好转。你现在要做的第一件事就是让自己安静下来，好好地享受一下宁静的生活。"

听了詹森的话，芬妮开始试着放下先前忙碌的生活，准备好好地放松一下自己，于是她给自己休了一个长假。

当她已经稳定了一段时间之后，詹森又建议道："在你发脾气之前，不妨想想，究竟是哪一点触动了你？你会拥有两种想法，一种是让每件事情都在脑海里剧烈地翻搅，另一种则是顺其自然，让思想自己去决定。"说着，詹森拿出了两个透明的刻度瓶，然后分别装了一半刻度的清水，随后又拿出了两个塑料袋。芬妮打开后，发现里面分别是白色和蓝色的玻璃球。詹森说："当你发脾气的时候，就把一颗蓝色的玻璃球放到左边的刻度瓶里；当你克制住自己的时候，就把一颗白色的玻璃球放到右边的刻度瓶里。最关键的是，现在，你应该学会控制自己的情绪，如果你不试着控制自己的情绪，你会继续把你的生活搞得一团糟。"

此后的一段时间内，芬妮一直照着詹森的建议去做。后来，在詹森的一次造访中，他们把两个瓶中的玻璃球都捞了出来。他们发现，那个放蓝色玻璃球的瓶中的水变成了蓝色。原来，这些蓝色玻璃球是詹森把水性蓝色涂料染到白色玻璃球上做成的，这些玻璃球放到水中后，蓝色染料遇水溶解，水就呈现了蓝色。詹森借机对芬妮说："你看，原来的清水投入'坏脾气'后，也被污染了。你的言语举止，是会感染别人的，就像蓝色玻璃球一样。当心情不好的时候，一定要控制自己。否则，坏脾气一旦投射到别人身上的时候，就会对别人造成伤害，再也不能恢复到以前。所以你一定要控制好自己的言行。"

芬妮后来发现，当按照詹深的建议去做时，自己真的不会乱发脾气了，事情也容易理出头绪。当詹森再次造访的时候，两个人又惊喜地发现，那个放白色玻璃球的刻度瓶竟然溢出水来——看来芬妮对自己的克制成效显著。慢慢地，芬妮已学会把自己当成一个思想的旁观者，来看清自己的意念。一旦有了不好的想法就马上改正，想法失控的时候就及时制止。这样持续了一年，她逐渐能够信任自己并且静观其变，生活也步入正轨，还重新得到了一位优秀男士的爱，她的生活渐渐展现出美好的一面。

不善于控制自己情绪的人，往往处于竞争的劣势，因而经常会遭遇失败。许多表面上非常强势和凶狠的人，在争斗中甚至是暴力的斗争中，往往最可能成为最终的失败者。可以说，一个不善于控制自己的情绪又不知道改进的人，犹如在进行慢性自杀或自我毁灭。愤怒、恐惧、抑郁、嫉妒、猜疑、紧张、狂躁等负面的情绪，对人是没有任何益处的，它们一旦爆发，就会使人失去理智，犯下严重错误。

拿破仑·希尔曾说，在前进的道路上，最大的敌人不是缺少机会或是缺乏经验，最大的敌人是失控的情绪。

只有善于控制自己思想的人才能控制自己的情绪。

培养自己的行为习惯是一个重塑自我的过程，是非常困难的。提高自身的情绪控制能力犹如改变思想本身，是一件更困难的事。因此，要想更好地控制自己的情绪，必须提高自己的自制力，并始终保持正确的态度。

08 不冒风险可能
是最大的风险

　　工作与生活永远是变化无穷的，我们每天都可能面临改变，新的产品和新的服务不断上市，新科技不断被引进、新的任务被交付，新的同事、新的老板……这些改变也许微小，也许剧烈，但每一次改变，都需要我们调整心情，重新适应。

　　面对改变，意味着对某些旧习惯和老规则的挑战，如果你紧守着过去的行为和思考模式，并且相信"我就是这个样子"，那么，尝试新事物就会威胁到你的安全感。

　　对于个人发展来说，冒险则成为通向强者的必由之路。在很多情况下，强者之所以成为强者，就是因为他们敢为别人所不敢为的。

　　在一次网球比赛中，莫尼卡·塞莱斯与芝娜·加瑞森相遇。随着比赛的进行，塞莱斯清楚地意识到她最大的敌人不是加瑞森，而是她自己。

　　赛后，塞莱斯说道："比赛进行得很激烈。我总是选择保守的打法。即使是面对加瑞森的第二发球，我也不敢主动进攻……"

而加瑞森可不想打得如此平稳。"我对自己说：一定要尽最大的努力……假如我输了，至少我知道我已经尽了最大的努力。"结果，加瑞森占先、夺得局点、盘点、赛点——最后获胜。

我们可以问问自己：我们为成功冒足够的险了吗？

一个人要想不冒风险，只有什么也不做，就像一个农夫什么也不种一样，到头来什么也没有。一个不敢或不愿意冒风险的人，只能获得暂时的安逸。但是，错过了学习、锻炼和成功的机会，也会逐渐失去人们的尊敬、信任和爱。他们因为自己的懦弱和恐惧，使自己看起来像一个丧失自由的奴隶，最终一事无成，活得还很累。

20世纪80年代的一天，曾出现过一次百年不遇的日全食，它的时间是在上午。科学家早就计算出了日全食的准确时间，并印在日历上。应该说，对于所有想观看日全食的人来说，这是一个非常难得的机会。

因为太阳光刺眼，所以人们不能直接观测日全食，有人在水盆中倒些墨水，通过反射观测，有些人则拿无用的照片的底片挡着眼睛去看；当然，还有人选择了戴墨镜观看。很显然，在水盆里倒墨水极不方便，而照片的底片上又有影像，这两种办法都不太方便。无疑，戴黑色太阳镜是最方便的办法，但是在那个年代，太阳镜是一种奢侈的饰品，一般人家根本就没有。

怎么办呢？就在日全食发生的前一天，有一个人从中悟到了一个赚钱的机会，他叫李华。他想去工厂购进来一批工业用黑色半透明胶片，把它们剪成小方块，当作"简易太阳镜"以每片5毛钱出售给路人。要知道这胶片一片成本才不过几分钱，肯定有钱赚！但是他没有人手，何况没有到日全食发生的那一刻，是无法知道市场情况的。于是，李华找到他的哥哥李文，与他合伙做这个生意，平摊成本，平分收益。李文听了很高兴，认为这是一个别人想不到的好点子，正要答应，但是转念一想，又觉得应该没多少人愿意花钱买胶片看，并且价格也高了点。想来想去，李文觉得还是再等一等，先调查一下市场再说。

终于，广播里传来了百年难得一见的日全食就要开始了的提示，这个时候，路上的行人们急了，他们这才知道今天有日全食，于是购买胶片的人蜂拥而至。不过一会儿，太阳开始有了黑边，买胶片的人达到了高峰，快到一半的时候，仍然有人买。到后来，整条街上都是手拿胶片望着天空中的太阳的人。

李华卖了好几万张胶片，加上他在市内设的几十个"销售点"，李华一下子发财了！而李文则因为犹豫观望，失去了这个百年难逢的机会。他的失败之处，就在于过于害怕风险，总希望看到趋势之后再动手，可是有时机会就是稍纵即逝，等他明白过来，日全食早过了，赚钱的机会也就没了。

在生活中，大多数人做事总担心失败，他们总会找出各种各样的理由来使自己不去冒险，最后，他们一事无成，只能羡慕地望着别人。有的人总害怕困难，将一些很有意义的事推给了别人，但当别人历尽千险得到掌声和鲜花后，他们又后悔当初不该将机会拱手相让。

在成功者的眼里，创业就不能只盯着可能存在的风险而裹足不前，应该具备"没有金刚钻，也敢揽瓷器活"的勇气。不敢冒风险的人，必将一事无成！

想常人之不敢想，做常人之不敢做，这就是李书福。1993年，李书福去某大型国有摩托车企业参观考察，看见摩托车产销两旺的势头，就向该企业老总提出想为他们做车轮钢圈配件。对方一听，笑道："这种高技术含量的配件岂是你们民营厂能完成的，该做什么做什么去！"不信邪的李书福憋着一肚子气回到公司，大胆提出要自己制造摩托车整车。周围马上出现一片反对声，连他的亲兄弟都劝他要量力而行。

李书福决心已下，但这次他再次遭遇"红灯"，因为没有摩托车生产许可证，他到处求情均以碰壁告终。最后，他"绕道"以数千万元的代价收购了浙江临海一家有生产权的国有摩托车厂，"借船出海"。只用了7个月的时间，吉利就开发出中国同行一直没有解决的摩托车覆盖件模具，并率先研制成功四冲程踏板式发动机。接着又与行业老大嘉陵强强联合，生产"嘉吉"牌摩托车，不到一年又开发出中国第一辆豪华型踏板式摩托车……

如果人人都不敢去冒险、去尝试的话，这个世界就不可能那么丰富多彩。没有冒险，火箭就不能上天；没有冒险，人类就不能登上珠穆朗玛峰。

我们说一件事情有风险，往往就意味着完成这件事困难比较大，不确定因素比较多，而保险系数比较小。因此，人们一般不愿冒险，可是成功的人往往喜欢冒险，因为他们知道：风险就如一个险滩，渡过了这个险滩，就会风平浪静，就会获得胜利的喜悦。

09 不做
沉默的金子

是金子总会发光的，这句话通常是用来安慰、激励那些事业上受到挫折或失意的人。这话或许是有道理的，但是，人的生命终究是有限的，我们不能一直坐等着机会的到来。把自己放在一个显眼的位置，也许你会得到不一样的人生。

现代社会是一个空前开放的社会，是一个提倡个性开放的社会，张扬个性已经成为一种时尚、一种流行。如果你是一只混在鸡群里的雄鹰，那么就不要折断翅膀装成鸡的样子，要知道你的使命不是下蛋，等待你的是更广阔的天空。

我们每一个人都不是孤立存在的，我们需要社会的认可，需要在社会发展中实现自己的人生价值。每一个人都有自己发光的部分，不要让谦卑挡住了我们的光芒，要知道是"金子"也要摆在显眼的地方。

在电影《飘》中扮演女主角郝思嘉的费雯丽，在出演该片前只是一个名不见经传的小演员。她之所以能够因此而一举成名，就是因为大胆地抓住了自我表现的良好机遇。

当《飘》已经开拍时，女主角的人选还没有最后确定。毕业于英国皇家戏剧学院的费雯丽，当即决定争取出演郝思嘉这一十分诱人的角色。

可是，此时的费雯丽还默默无闻，没有什么名气。怎样才能让导演知道"我就是郝思嘉的最佳人选"呢？这个问题成为她思考解决的一大关键。

经过一番深思熟虑后，费雯丽决定毛遂自荐，方法是自我表现。一天晚上，刚拍完《飘》的外景，制片人大卫又愁眉不展了。突然，他看见一男一女走上楼梯，男的他认识，那女的是谁呢？只见她一手扶着男主角的扮演者，一手按住帽子，居然自己把自己扮作郝思嘉的模样。

大卫正在纳闷时，突然听见男主角大喊一声："喂！请看郝思嘉！"大卫一下子惊住了："天呀！真是踏破铁鞋无觅处，得来全不费工夫。这不就是活脱脱的郝思嘉吗？"

费雯丽被选中了。

毋庸置疑，你的表现得到认可之时，就是机遇来临之日。请你务必记住一点：知道你、了解你才能的人越多，为你提供的机遇也就会越多。

谦虚是中华民族几千年的美德，但是经济飞速发展的今天，如果事事含蓄，怎能跟得上连吃饭都要讲究快节奏的现代生活方式，如果你总是谦卑地说"这个我不行，他比我更适合"的话，那么你只会一次又一次地失去机会，没有人有时间去观察、挖掘你的潜力，你只能把你的能力摆在最显眼的地方。

不要做沉默的金子，尽管人们都说："是金子总会发光！"但是，人生短暂，早点发光，你离成功就更近了一点。那么怎样才能让别人发现你是一颗金子呢，千万不能坐以待毙，你不妨从以下几个方面开始改变：

1.首先要塑造个人的信誉、风格，保持一贯的行事作风，只有这样别人才会信赖你。如果你总是随心所欲率性而为，别人根本无法了解你，也就不敢真正信任你。

2.向身边的和你发展有关的人展示你的才能，希望他们能够在你需要的时候，把你推荐给对你未来发展有帮助的人，人通常相信别人的推荐，尤其是朋友的。在向别人展示的时候，注意在你不熟悉或别人熟悉的领域，多倾听，并选择适当的时机发表自己的看法，做到有的放矢。俗话说，有三个人帮你说好话，事情已经成功了一半！

3.当机会来临的时候，千万不要推脱，要积极主动地去争取，不要等待别人去发现你。

4.当自己有一定实力和被别人利用的价值的时候，不要忘记你的谈判本领，是主角就应该有主角的价值。

5.要适当抓住人性的弱点，果断选择，设法引起别人的注意，并做出一两件让对方震撼的事，这样，你一定可以脱颖而出。

6.当你为别人做事的时候，把别人的事当做自己的事来做，在这个世界上，只有勤奋是真正可以仰仗的，它是最好的标签和介绍信。

7.当你还在给别人打工的时候，那么神经就永远不要放松，了解别人的底线，不要做触犯他人切身利益的事，否则，无论你有多么被重用，都无济于事。

总之，一个人无论才能如何出众，如果不善于把握，那他就得不到伯乐的青睐。所以人需要自我表现，而且自我表现时必须主动、大胆。如果你自己不去主动地表现，或者不敢大胆地表现自己，你的才能就永远不会被别人知道。

第四章
态度决定人生的高度

　　成功源于敬业，敬业铸就成功的大厦。只有靠自己取得的成功，才是真正的成功。能把简单的事做好就是不简单，能把平凡的事做好就是不平凡。用积极的心态对待你的工作，你的工作就会充满乐趣。

01 自己的工作
是最好的

一名员工，只有热爱自己的工作，才能把工作做到最好，才能称得上敬业。

有敬业心的员工在工作时，能以自强不息的精神和火焰般的热忱，积极发挥自己的才能。即使是做最平凡的工作，他也要成为技能最精湛的人，即使到最艰苦的地方去，他仍然不改变积极进取的工作作风。

现实中，很多员工面对不喜欢的工作岗位，不是逃避就是消极应对。他们整天不思考怎样改变现状，而是不断地抱怨，恨自己生不逢时。于是，他们会在长吁短叹中虚度光阴，浪费着自己宝贵的生命。

无论你出生于名门望族，还是普通平民，无论你是公司的上层人物，还是金字塔最底层中的一员，都不要看不起自己的工作。如果你认为自己的劳动是卑贱的，那你就犯了一个致命的错误。

工作是上天赋予每一个人的使命。你干的是什么工作，你最喜欢干什么样的工作，你获得的薪金和赢取的社会地位如何，工作不是关于上面这些问题的表述。工作本身是客观的，它无所谓优劣。员工在一个工作岗位上能否做出成就，不在于工作本身，而在于自己对工作的态度。一个时刻对自己的工作持有敬重态度的人，才能让自己的工作趋于完美，才能在工作中实现自身的价值。

缺乏对工作的热爱之心的员工，一旦碰到"微不足道"的工作，必然不会珍惜工作、踏实工作，到头来只能是自己把自己推向碌碌无为的境地。

美国著名的希尔顿饭店有位清洁员，他在这家饭店工作了将近20年，一直在洗手间做保洁工作。洗手间总是被他打扫得干干净净，他甚至自己花钱在洗手间放了一瓶高级香水，使客人进来都能闻到一股芳香的味道。客人们对他的服务交口称赞，甚至冲着他的服务而专门住进这家饭店。他的朋友们都替他惋惜，劝他换份工作。他却骄傲地说："我为什么要换工作呢？我的工作就是最好的，看到客人们对我的工作表示赞扬，这就是我最大的幸福了，我又何必换工作呢？"某些工作看起来不怎么高雅，例如清洁工作，这种工作环境差，辛苦，待遇又不好，很难得到社会的承认，但我们不能因此而轻视这份工作。不要无视这样一个事实：有用才是伟大的真正尺度。

在许多年轻人看来，公务员、银行职员或者大公司白领才称得上是绅士，甚至有一些人不惜投入大量的时间，想尽各种办法，通过不同渠道去谋求一个公务员的职位。殊不知，有这些精力，他完全可以通过自身的努力，在现实的工作中找到自己的位置，实现自己的价值。

相信自己的工作是最好的，把工作当成自己最喜欢的事来做，就能发掘自己特有的能力。最重要的是能保持一种积极的心态，即使是辛苦枯燥的工作，也能从中感受到价值，在你完成工作任务的同时，会发现成功之芽也正在萌发。

如果年轻的工艺师想早日使自己的手艺精湛，仅仅想着"我要做最美丽的工艺品"就以为能实现心愿，那简直是天方夜谭！如果不只是"要做最美丽的工艺品"，而是要抱着"做最美丽的工艺品是上天赐予我的最完美的工作"的念头，工艺品制作的手艺反而能进步了。为什么呢？因为如果这样想，工艺品制作这件事就会变成一件愉快的事情了。这时，相信你离成为一个手艺精湛的工艺品大师也就不远了。

你也许认为自己志向远大，要做轰轰烈烈的大事，而不适合做这些具体、琐碎的小事。可是，你有没有想过，如果你连这些琐碎、具体的事情都做不好，又怎么可能去做轰轰烈烈的大事呢？一屋不扫，又何以扫天下！

20世纪70年代初，美国麦当劳总公司看好中国台湾市场。打算正式进军台湾之前，他们需要在当地先培训一批高级管理人员，于是进行公开的招聘考试。由于要求的标准颇高，许多初出茅庐的青年企业家都未能通过。

经过一再筛选，一位名叫韩定国的某公司经理脱颖而出。最后一轮面试前，麦当劳的总裁和韩定国夫妇谈了三次，并且问了他一个出人意料的问题："如果我们要你先去洗厕所，你会愿意吗？"

韩定国还未及开口，一旁的韩太太便随意答道："我们家的厕所一向都是由他洗的。"

总裁大喜，免去了最后的面试，当场拍板录用了韩定国。

后来韩定国才知道，麦当劳训练员工的第一堂课就是从洗厕所开始的，因为服务业的基本理论是"非以役人，乃役于人"，只有先从卑微的工作开始做起，才有可能了解"以家为尊"的道理。韩定国后来之所以能成为知名的企业家，就是因为一开始就能从卑微小事做起，干别人不愿干的事情。

一些刚刚毕业的年轻人，往往对自己的未来抱着很高的期望值，又不愿意从基本的工作做起，宁可找不到工作，也不愿意"低就"，去做一些自己认为不值得做的事情。实际上，"低就"不一定就低人一等。对于许多选择就业岗位的人们来说，首要的不是先瞄准令人羡慕的岗位，而是一开始就树立正确的工作观念。如果干什么都挑三拣四，或者以为选准一个岗位便可以一劳永逸，那么你就可能永远低人一等。正如台湾的女作家杏林子所说：现代社会，昂首阔步、趾高气扬的人比比皆是，然而有资格骄傲却不骄傲的人才是真正的高贵者。我们应该坚信，自己的工作是最好的。一个人的职业，就是一个人志向的表示，理想的所在。所以，了解一个人的工作，在某种程度上就是了解其本人。

一个人的工作态度折射着他的人生态度，而人生态度决定一个人一生的成就。你的工作，就是你生命的投影。它的美与丑、可爱与憎恨，全操纵于你之手。

如果一个人轻视自己的工作，把它当成低贱的事情，那么他绝不会尊敬自己。因为看不起自己的工作，所以会感到工作艰辛、烦闷，自然工作也不会做好，无法发挥他内在的特长。

一个建筑工地上有三个砖瓦工在砌一堵墙。

有人过来问："你们在干什么？"

第一个人没好气地说："没看见吗？砌墙。"

第二个人抬头笑了笑说："我们在盖幢高楼。"

第三个人边干边哼着歌曲，他的笑容很灿烂："我们正在建设一个城市。"

10年后，第一个人在另一个工地上砌墙；第二个人坐在办公室里画图纸，他成了工程师；第三个人呢，则成了前两个人的老板。

有许多人不尊重自己的工作，在工作中，他们敷衍塞责、得过且过，将大部分心思用在如何摆脱现在的工作环境上。这样的员工在任何地方都不会有所成就，因为他们根本不明白：不能用正确的态度对待现在的工作，就更不可能在未来的工作中尽职尽责。

那种看不起自己工作的人，不断地抱怨和推诿，其实是懦弱的行为。与轻松体面的公务员工作相比，商业和服务业需要付出更艰辛的劳动，需要更实际的能力。当人们害怕接受挑战时，就会找出各种借口，久而久之就变得越来越不喜欢自己的工作了。

这些人可能在学生时代就有着错误的认识，认为一旦找到一份好工作，今后的人生道路就会一帆风顺。他们对于什么是理想的工作有许多错误的认识，对他们来说，公务员更体面，更有权威性；他们不喜欢商业和服务业，不喜欢体力劳动，自认为应该活得更加轻松，有一个更好的职位，工作时间也更自由。他们总是固执地认为自己在某些方面更有优势，会有更广泛的前途，但事实上并非如此。那些认为自己工作不好的人，往往只能被动地适应生活，他们不愿意奋力崛起，努力改善自己的生存环境，而仅仅把自己的一生押在一份好工作上。莱伯特对这种人曾提出过警告："如果人们只追求高薪与政府部分的职位，是非常危险的，它说明这个民族的独立精神已经枯竭；或者说得更严重些，一个国家的国民如果只是苦心孤诣地追求这些职位，会使整个民族如奴隶一般的生活。"因此，作为员工，无论在什么样的岗位上，都不能轻视、怠慢自己的工作。如果你能在平凡的岗位上，始终如一地坚持把工作做好，那么日久天长，你就会突破平凡，走向优秀。

一个人如果以自强不息的精神，夏天般的激情，发挥长处勇于创新，那么不论他做什么工作，都不会觉得劳累，他的事业也一定会蒸蒸日上。对待自己的工作，应当有十二分的热忱。在任何情形之下，都不允许对自己的工作产生厌恶。厌恶自己的工作，最终也会遭到工作的抛弃。如果你的工作本身简单、机械、重复而有一些乏味，只要开动脑筋，你就一定能从这些乏味的工作中找到乐趣。要懂得，自己的工作是最好的，总是能在工作中找出乐趣并乐在其中，这是我们对于工作应抱的态度。有了这种态度，无论做什么工作，都能有很好的成效。

02 我的任务
是完成比赛

　　一名员工，只有热爱自己的工作，认真对待自己的工作，才有可能在工作中拼搏进取，并最终取得骄人的成绩。而热爱工作、认真对待工作则是敬业精神的集中体现。

　　所谓敬业，就是要敬重自己的工作！敬业是人的使命所在，是人类共同拥有和推崇的一种精神。敬业就是要像对待生命一样来对待自己的工作，不为自己寻找任何借口来逃避工作，其具体表现为忠于职守、尽职尽责、认真负责、一丝不苟、善始善终等职业道德，其中糅合了一种使命感和道德责任感。具有敬业精神的员工更容易走向成功，在他们看来，努力工作应是一贯坚持的行为，这种对工作的热爱与勤奋之心没有终点，要始终贯穿一个人的整个生命过程。当一名员工毕生都在竭尽全力工作的时候，成功也就成为必然。

　　在墨西哥奥运会上，夜已经很深了，天气非常凉爽，直到这时，坦桑尼亚的马拉松选手艾克瓦里才吃力地跑进了体育场，他是最后一位到达终点的运动员。

这场比赛的冠军早已拿到了奖杯，庆祝胜利的仪式也早已结束。艾克瓦里一个人孤零零地抵达体育场时，整个体育场几乎已经没人了，场内显得格外空旷。艾克瓦里的双腿沾满血污，绑着绷带，他努力地绕体育场跑完了一圈，跑到了终点。在体育场的一个角落，享誉国际的纪录片制作人格林斯潘远远地看着这一切。接着，在好奇心的驱使下，格林斯潘走了过去，问艾克瓦里，为什么要这么吃力地跑至终点。

这位来自坦桑尼亚的年轻人轻声地回答说："我的国家从2万多公里之外送我来这里，不是叫我在这场比赛中起跑的，而是派我来完成这场比赛的。"

没有人会去嘲讽这个选手的成绩，这位选手用自己的行动诠释了"敬业"的深厚内涵，也赢得了人们的尊重。

这位选手用行动告诉我们：敬业是一种负责精神的体现。一个对自己工作有敬业精神的人，才会真正为企业的发展作出贡献，才能从工作中获得乐趣，这样的员工才是真正有责任感的员工。敬业是对自己责任的一种升华。责任在某种程度上有一定的强制意味，但敬业却是员工的一种主动精神，不仅要完成自己的工作，而且是以一种高度负责的、自动自发的精神来完成自己的工作。

美国著名学者、成功学家詹姆斯.H·罗宾斯认为："敬业就是尊敬、尊崇自己的职业。如果一个人以一种尊敬、虔诚的心态对待自己的职业，甚至对职业抱有一种敬畏的态度，那么他就已经具有敬业精神。"

第二次世界大战中期，美国空军降落伞的安全性能不够。在厂方的努力下，合格率已经提升到99.9%，而军方要求产品合格率必须达到100%。厂方的工人们一再强调，任何产品也不可能达到绝对100%的合格率，除非出现奇迹。但军方强烈要求：99.9%的合格率，就意味着1000名伞兵中，会有一个人因跳伞而送命。相持不下之时，军方决定改变检验质量的方法，从厂方前一周交货的降落伞中随机挑出一部分，让厂方负责人以及工人们装备上身后，亲自从飞机上跳下。这个方法实施后，奇迹出现了：不合格率立刻变成了零！99.9%与100%，看起来差距微乎其微。单就产品来说，不但工人们自己认为没啥了不起，就连消费者也认为不能过分挑剔。所以，司空见惯和不以为然就变成了众口一词的认同。然而，就因为有了99.9%，1000名中士兵就要有一个无辜送命。为了捍卫生命，稍加一个措施，就诞生了奇迹。如果每个工人都能从顾客的角度着想，敬业地去生产商品，这样的奇迹就会每天诞生。

中国海尔的CEO张瑞敏说："所有的产品都应该是精品，有缺陷的产品等于是废品。"只有具有敬业精神的员工才能够生产出精品，也正是这种敬业精神创造了海尔产品的"零缺陷"神话。海尔的员工深知，1%的差错会造成100%的问题。海尔产品的"零缺陷"和"消除1%差错率"，正体现了海尔员工的敬业精神。

敬业就是不容许员工在工作中胡思乱想，心有其他杂念；敬业要求员工以认真的态度完成每一项任务，不论任务难易，不论个人利益的高低，不论他人的态度怎样；敬业要求员工做好每一份工作，在工作中体会那或多或少的自我提高和成功的快感。

日本东芝株式会社的社长士光敏夫对员工的敬业精神要求特别高，他最为人们津津乐道的一句话是：为了事业的人请来，为了薪水的人请走。真正具有敬业精神的人，即使当企业面临困境时，也会同企业风雨同舟，患难与共。而心里只有薪水的人心中有的只是福利和待遇，公司遇到困难时，也是他们拍拍屁股走人的时候。

这就是敬业和不敬业的区别。

缺乏敬业精神的员工在做工作时总是抱着应付了事的心态，不会努力去把自己的工作做得尽善尽美。这样的员工会把工作视为负担，很容易对自己的工作产生消极的情绪，在工作中自然找不到乐趣，从而失去了很多提升自己的机会。

敬业给人带来的满足感不是薪水的增加，而是工作本身给个人带来的满足感和成就感。

有一个小和尚在一座名刹担任撞钟之职。他自认为早晚各撞一次钟，简单重复，谁都能做，并且钟声只是寺院的作息时间，没什么大的意义。就这样，敲了半年钟实在是无聊得很。"唉，做一天和尚，撞一天钟吧。"小和尚想。

有一天，方丈把小和尚调到后院劈柴挑水，原因是他不能胜任撞钟之职。

小和尚听了很不服气，心想：我撞的钟难道不准时、不响亮？

方丈告诉他说："你的钟撞得很响，但是钟声空泛、疲软，没什么力量。因为你心中没有'撞钟'这项看似简单的工作所代表的深刻意义。钟声不仅是寺里作息的准绳，更重要的是要唤醒沉迷的众生。为此，钟声不仅要洪亮，还应圆润、浑厚、深沉、悠远。心中无钟，即是无佛；不虔诚，不敬业，怎能担当神圣的撞钟工作呢？"

每一名员工都要认识到：你的敬业态度会使你逃离痛苦和烦乱，你的踏实勤奋会为你带来成功和乐趣，你的生命在有了敬业精神后会变得更加充实和有意义。敬业是工作的最大动力，它是支撑每名员工将平常的工作变为快乐工作的精神力量。

一个对工作不负责任的人，往往是一个缺乏自信的人，也是一个无法体会快乐真谛的人。这样的人在不快乐中工作着，最终只能过着并不幸福的生活。即使偶尔做出一点成绩，也品尝不到快乐，更谈不上什么成就感和自豪感，在他们眼里"那都是为别人创造的"，"是别人的幸福"。如果你在工作上能敬业，并且把敬业变成一种习惯，你会一辈子从中受益。工作能力是在工作过程中锻炼出来的，敬业精神也是在工作过程中培养起来的。好的敬业习惯会延续到你今后的工作中，坏的工作态度也同样会蔓延到你今后的工作中。要想成功，就要从点滴做起，让敬业成为习惯。

无论你从事何种工作，成功的基础都是你的敬业态度。当你把敬业当成一种习惯时，在全身心地投入工作的过程中就会充满力量。有了这种力量，你就能扫除通向成功道路上的一切障碍，最终抵达成功的目的地。

一名没有敬业精神的员工是不应该奢求什么成功的。成功并非易事，在通向成功的道路上充满了艰难坎坷。缺乏敬业精神，当然不会有战胜艰辛的动力，自然就无法取得成功。

成功源于敬业，敬业铸就成功的大厦。有了敬业精神，成功就成为自然而然的事情了。而那些想走向成功的员工，首先必须要培养自己的敬业精神，这样才能赢得职场上属于自己的一片天空。

03 超越
老板的期望

成功的机会不会白白降临，只有积极主动工作的员工才有获得更多好机会的可能。如果你总是只有在老板注意时才有好的表现，那么你永远也无法达到你想要的成功。如果你能够做到的比老板期望的还要多，还要好，那么你就永远不用担心没有机会。

当今社会，如果你还认为"勤奋"就是"听命行事"，老板吩咐你做什么就照命令办事，那你就大错特错了，那是20年前的事了。今天的"勤奋"，要做到"不必老板交代，积极主动做事"，这样才能称得上是"勤奋"。

每个老板都希望自己的员工能主动工作，带着思考工作。对于发个指令，按动按钮，才会动一动的"电脑"员工，没有人会欣赏，更没有老板愿意接受。职场中，这类只知机械完成工作的"应声虫"，老板会毫不犹豫地将其剔除掉。

在任何一个公司里，那些不必老板交代就自己找事做的员工，那些接到任务时不会找借口的员工，那些永远也不问"为什么"、"怎么办"而是自己动手去克服困难的员工，那些主动请命为公司工作的员工，就是老板心目中最优秀的员工，一旦有升职机会，老板第一个想到的就是这些人。

著名成功学家卡耐基曾聘用两名年轻女孩儿当助手，替他拆阅、分类信件，薪水与相关工作的人相同。两个女孩儿都忠心耿耿。但其中一个虽忠心有余，却粗心、懒惰，能力不足，就连分内之事也常不能做好，结果遭到解雇。

另外一个女孩儿却常不计报酬地主动去干一些并非自己分内的工作——如替老板给读者回信等。她认真研究成功学家的语言风格，以至于这些回信和老板自己写得一样好，有时甚至更好。她一直坚持这样做，也不在意老板是否注意到自己的努力。终于有一天，卡耐基的秘书因故辞职，在挑选合适人选时，他自然而然地想到了这个女孩儿。这个女孩儿在她的职位上做得有声有色，深得卡耐基的器重。

每个老板都喜欢积极主动、善解人意的员工，每个人也都愿意和这种人共事。如果你总能保持主动率先的工作精神，比自己分内的多做一点，比别人期待的多服务一点，你就可以吸引老板的注意，得到加薪和升迁的机会。

勤奋工作将给你机会，任何一位老板都会赏识勤奋工作的员工，这是一种值得任何人尊重的美德，不论在哪里，都会得到人们的赞扬。

但问题是，如果你仅仅有勤奋，却没有什么成绩，勤奋一辈子也不会有什么起色，老板即使心里感动得要掉泪，也不敢重用，因为他不放心。进一步讲，受公司利益的驱使，再有耐心的老板，也绝难容忍一个长期无业绩的员工。

如果想登上成功之梯的最高阶，纵使面对缺乏挑战或毫无乐趣的工作，你也得永远保持主动率先的精神，这样才能获得回报。勤奋最严格的表现标准是由自己设定的，而不是别人要求的。如果你对自己的期望比老板对你的期许更高，那么你就无需担心会失去工作。同样，如果你能达到自己设定的最高标准，那么升迁晋级也将指日可待。当你养成这种自动自发的习惯时，你就有可能成为领导者。成功有一千条途径，最短的一条是自动自发地工作；失败有一万种原因，最可悲的原因是被动地接受工作。

我们不应该仅仅抱着"老板让我做什么"的想法，而应该再进一步，想一想"我能为老板做什么"。一般人认为，忠实可靠，尽职尽责地完成老板交代的工作，并尽量避免犯错，凡事只求忠实公司的规则，老板没让做的事绝不插手即可。但这些还远远不够，尤其是那些渴望在工作中获得成功的人更是如此，必须做得更多更好，要勇于负责，要有独立思考能力，必要时要发挥创意，积极主动地完成任务。

我们在刚开始参加工作时，也许从事的是提茶倒水、接电话之类的琐碎的工作，或者从事秘书、会计和出纳之类的事务性工作。许多人在寻找自我发展机会时，常常这样问自己："做这种平凡乏味的工作，有什么前途呢？"可是，就是在极其平凡的职业中，在极其低微的位置上，往往蕴藏着巨大的机会。只要把自己的工作做得比别人更完美、更迅速、更正确、更专注，调动自己全部的智慧，从旧事中找出新方法来，引起别人的注意，这样才能使自己有发挥本领的机会，满足心中的愿望。

一个员工的成功与否在于他无论做什么都力求比老板所期望的更好。当一个人对自己的期望比老板要求的还高时，他离成功也就不会很远了。因此，在工作中，要超越老板对自己的期望，以最高的标准来要求自己。如果你总能带给老板惊喜，老板必然会对你另眼相看。

04 千万不可
轻视公司

作为一名公司的员工，如果你能忠诚于你的公司，忠诚于你的工作，对工作有一颗责任心，那么你就会很容易成功。因为你的努力和孜孜不倦的勤奋工作，公司才会有现在的光辉业绩。作为领导，首先赏识的自然而然就是你了。你拿一颗真诚的心来为公司服务，反过来，公司也会用同样的方式来回报你。你能得到上级的欣赏，这样你就会脱颖而出了。

公司就像一条大船，我们就像是船上的一位乘客，它装载了我们许许多多的梦想和希望。只要身在公司这条船上，船就是我们的依托，所以，不要轻视它，伤害它，轻视公司也就是小看自己。

作为公司的一员，有时候难免会受到不公平的待遇，这种情况是在所难免的。你可以通过正当的途径向公司反映，请求公司做出补偿。但是，有些人往往会采取消极抵抗的态度，通过发牢骚表达对公司的不满，希望能引起上司的注意。这虽是一种正常的心理自卫行为，但却是许多老板心中的痛。大多数老板认为，牢骚和抱怨不仅惹是生非，而且造成员工间彼此的猜疑，打击团队士气，严重影响团队的工作效率。因此，每当你说出一些轻视公司的话的时候，不妨看一看公司老板的态度。

有这样一位员工，他受过良好的教育，在工作中也很努力，但是在公司干了整整5年也没有得到提升，因为他缺乏独立创业的勇气，也不愿自我反省，于是养成了一种嘲弄、吹毛求疵、抱怨和批评的恶习，他根本无法独立自发地做任何事，只有在被迫和监督的情况下才肯工作。在他眼中，老板教导员工勤奋，只是加重对员工的剥削，忠诚是老板迷惑员工的遮羞布，把公司倡导的敬业精神看做一种过时的口号。他在意识上、心理上与公司格格不入，使他无法真正从那里受益。

轻视公司，就是轻视你自己，使你陷入浮躁和短视的窘境。如果你无法做到不中伤、非难和轻视你的老板和公司，就放弃这个职位，从旁观者的角度去审视自己的心灵。或许有明智的人会劝告你，放下不满与轻视，轻装上阵，不断地努力进取，只有不懈地努力才会有收获。只要继续在公司发展下去，就应该衷心地给予公司老板忠诚，并引以为豪。

任何一个人做任何一件事情，都可能会受到批评、中伤和误解。从某种意义上说，批评是对那些伟大杰出人物的一种考验。证明自己杰出的最有力证据就是能够容忍谩骂而不去报复他人。美国最著名的总统林肯就做得非常出色，他让所有轻视他的人逐渐地意识到，种下分歧的种子，必会自食其果。

当你的公司陷入低谷和危机时，而老板又无所作为，你最好走到老板面前，直白、自信、不客气地对他说："你太寡断，太无力！"指出他的方法是不合理的、荒谬的，然后告诉他应该如何改革，你甚至可以自告奋勇去帮助公司清除那些不为人知的弊端。

忠诚是获取回报的前提。企业首先不会给你什么，但你必须首先给企业以忠诚；如果你给了企业绝对忠诚，企业就会给你物质和精神回报。忠诚和回报是有先后顺序的，忠诚是回报的前提。在现实生活中，很多年轻人在求职的时候，首先强调的就是回报，这种本末倒置的做法，最终导致他们无法获取理想的回报。

在诸多的失业者中，他们充满了牢骚和不满，这就是问题所在。吹毛求疵的性格使他们摇摆不定，他们的发展道路只能越走越狭窄。他们与公司格格不入，变得不再有用，只好被迫离开。每个雇主总是不断地寻找能够助他一臂之力的人，当然他也在考察那些不起作用的人，任何成为发展障碍的人都会被拿掉。

已故的埃及总统萨达特是在仇恨以色列的环境中长大的，一度以仇恨来调动民众的意志，这虽有很强的独立个性，但同时也是愚蠢的，他忽视了当今世界相互依存的事实。

萨达特认识到这些后，决心改变自己，在参加推翻旧王朝时，他被捉进了囚室。在里面，更有利于他从旁观者的角度来审视自己，反躬自省，改造自我。

在他成为埃及总统之后，他认为不应该再和以色列相互仇恨，而是要相互依存下去，于是，他和以色列领导人达成了和解，开启了世界上最勇于突破先例的和平运动，这一行为的最大成果是双方签署了戴维营协议，造福两国人民，使两国人民获得了难得的和平。

　　萨达特运用自己的正确认识、大胆的想象力和勇于革新的信念进行了自我改造，改变了自己的态度，使两国数百万人享受到难得的和平。

　　这是一个非常有价值的故事，我们也应该回到自己的公司中，看看自己能否像萨达特一样来改变自己轻视公司的态度，重新面对自己，开始一个崭新的自我！

05 把公司
当做自己的家

　　一名有"心"的员工，往往会把自己当作企业的主人，他对企业的认同往往是发自心底的，也会逐渐地主动工作，并使之变成一种习惯。

　　英特尔总裁安迪·葛洛夫应邀对加州大学伯克利分校毕业生发表演讲的时候，提出了这样的建议："不管你在哪里工作，都别把自己当成员工，而应该把公司看做自己开的一样。"

　　如果把公司比喻为一条船，那么它只能向一个方向前进，那就是目标的方向。既然登上了公司这条船，你就是船上的一员。你必须和公司的员工同舟共济，向着共同的目标迈进，这就是共同的愿望，所有员工都应该坚持这个方向并为之努力奋斗。

　　除了极少数的人能直接创建自己的事业，大多数人都必须走一条相同的路，依托公司奠基自己的职业生涯。作为一名普通的员工，必须和大家有着共同愿望，就是把我们辛苦为之奋斗的企业做得更大更强，从而实现公司和自己的双赢，与公司共命运，以公司主人的态度去应对一切。

把公司当做自己的家，不仅要把目光放在今天，还要放眼公司的明天。一位成功企业家曾说过："一个人应该永远同时从事两件工作：一件是目前所从事的工作；另一件则是今后要做的工作。"

美国标准石油公司曾经有一位小职员叫阿基勃特，他在出差住旅馆的时候，总是在自己签名的下方，写上"每桶标准石油4美元"的字样，即使在书信及收据上也不例外。签了名，就一定写上这几个字，他因此被同事叫做"每桶4美元"，而他的真名倒没有几个人叫了。

公司董事长洛克菲勒知道这件事后说："竟有职员如此努力宣扬公司的声誉，我要见见他。"于是邀请阿基勃特共进晚餐。

后来，洛克菲勒卸任，阿基勃特成了标准石油公司第二任董事长。

在签名的时候署上"每桶标准石油4美元"，这算是小事，但阿基勃特做了，并坚持把这件小事做到了极致，他是真正把公司当成了自己的家。最后，他成了董事长。

并不是每一个员工都能够像阿基勃特那样把公司当做自己的。有的员工为了自己的一点私利，甚至泄露公司机密，他得到的是什么呢？

福斯特先生是一家公司的副总经理，他的工作表现令人刮目相看，然而半年之后，他却悄悄地离开了公司。

同事们很为他惋惜，没有人知道他为什么离开。原公司的朋友约福斯特聚会，在酒吧里，福斯特喝得烂醉而口吐真言："我为了一点私利而失去了工作。竞争公司为了得到他们梦寐以求的商业秘密，暗地里送给我5万块钱，作为交换，我把公司的秘密泄露给了他们。"后来，总经理发现了这件事，福斯特不能在公司待下去了，只能辞职。福斯特丧失了对公司的爱心，公司还会从他身上奢望什么呢？

为了自己和公司的长远发展，你不要陶醉于一时的私利，应该想想未来，想一想现在所做的事有没有改进的余地，这些都能使你在未来取得更长足的进步。尽管有些问题不属于你考虑的范围，你也没有最终的决策权，但是你可以向老板提出自己的合理化建议，这说明你尽了一位公司主人的责任，你也同样会得到老板的信任。

一个员工总是为了避免出错而保持沉默，最令老板感到不满；凡事都点头称是，没有自己的主张、见解和建议，在老板的心目中，永远是个不能独当一面的应声虫。

只要你是公司的一员，就应抛开任何借口，投入自己的忠诚和责任，将身心彻底融入公司，尽职尽责，处处为公司着想，那么，任何一个老板都会视你为公司的中坚力量。

如果你的老板处理某种事务的方式效率不高，而他本人并未觉察或不知该如何改进的时候，且你有好的主意，就应该果断地提出来，但要采取让老板感到可以接受的方式。

要提出更出色的合理化的建议，就要让你的思维走在老板的前面。很多时候，你的高效率会使老板对你刮目相看、敬重有加。当然，这也需要在对老板已有足够了解的基础上，根据公司的实际情况作出预计。

在工作中，积极主动是员工应具备的重要素质。员工积极主动地工作可以提高自己的能力和素质，使自己变得更加优秀。一名在工作中总是多做一点的员工，不仅能赢得上司的器重与信赖，还会为自己创造改变命运的机会。

机会是留给有准备的人的。唯有那些能够在平淡无奇的工作中善于主动出击、善于创造机会和把握机会的员工，才有可能从最平淡无奇的工作中找到机会、抓住机会、有效地利用机会。

如果你是老板，你对自己今天所做的工作完全满意吗？别人对你的看法也许并不重要，真正重要的是我们对自己的看法。回顾一天的工作，扪心自问："我是否付出了全部精力和智慧？"

不要以为老板做的事很少，总是不紧不慢、悠然自得的样子。其实，他们的头脑中无时无刻不在思考着公司未来的发展，一天操劳十几个小时的情况并不少见。因此，不要吝惜自己的私人时间，要敢于为公司付出更多的时间，一到下班时间就率先冲出去的员工是不会得到老板喜欢的，即使你的付出没有得到什么回报，也不要斤斤计较。除了自己分内的工作之外，尽量找机会为公司作出更大的贡献，让公司觉得你物超所值。

如果你是老板，一定会希望员工能和自己一样，将公司当成自己的事业，更加努力，更加勤奋，更积极主动。因此，当你的老板向你提出这样的要求时，请不要拒绝。

主人翁精神，是时代对员工的要求，是企业对员工的要求，更要成为员工的自我要求。以企业为家，把自己当作企业的主人，是一名员工主人翁精神的突出体现。

你要时时给自己敲响警钟，告诫自己不要满足于自己现有的成就，不要因自己为公司做出了些许贡献而止步不前。如果，你想让公司这个家永远繁荣昌盛，就应该时时警告自己不要躺在安逸床上睡懒觉，要让自己每天都处在别人无法企及的激情状况下努力工作，你只有把工作当成一项事业去做，才可能跳出工作中斤斤计较的习惯，才能以长远的眼光看到自己的真正价值。

一个把公司视为自己的一切并尽职尽责完成工作的人，终将会拥有自己的事业。许多管理制度健全的公司，正在创造机会使员工成为公司的股东。因为人们发现，当员工成为企业所有者时，他们表现得更加忠诚，更具创造力，也会更加努力工作。

最能考验以公司为家精神的时刻，就是在公司遭遇到困难的时候员工的表现。员工初进公司的时候，公司不惜代价对员工进行培训，使员工们积累了一定的工作经验；当在公司遇到困难、最需要他们的时候，有的人经常是不辞而别，这些人对公司缺乏最起码的感情和忠诚度。

企业的发展不可能风平浪静，老板的才能也不可能没有欠缺，一个勇于负责的员工应当在老板需要的时刻挺身而出，该出手时就出手，为老板分担风险，这样你必将赢得其他同事的尊敬，更能得到老板的信任和器重。而那些多一事不如少一事、逃避责任的员工，是永远都不会进入老板视野的，也永远成不了公司的骨干员工，成不了公司发展的核心力量。

作为一名员工，除非迫不得已，最好不要动不动就想以跳槽来改变自己的境遇，你可以在岗位上勤恳工作，努力提高自己各方面的能力，积极进取，帮助公司腾飞，这样才能更有利于你走向成功。如果你频频换工作，相信老板会想：我这里仅是他的一块跳板、一块试验田……一旦老板对你产生这样的看法，你的处境就很危险了。

对于公司来说，只要每个员工以公司为家，满腔热情地为公司工作，就能使公司的效益得到大幅度提高，还会增强公司的凝聚力，使公司更具竞争力，从而在变幻莫测的市场中更好地立足。对于员工来说，忠诚能使你更快地与公司融为一体，真正地把自己当成是公司的一分子，更有责任感，对将来更加自信。老板总有一天会给你理想的回报。

每一个岗位都是实现人生价值的舞台。只要我们用对待事业一样的态度对待我们的工作，每个人都能在平凡的岗位上做出不平凡的业绩。一个有事业感的人，他绝不会狭隘地看待他的工作，他对自己的工作会有一种深层次的理解和认识。

有许许多多的老板，他们多年来费尽心机地寻找能够胜任工作的人。他们所从事的业务并不需要出众的技巧，而是需要谨慎、朝气蓬勃与尽职尽责。他们雇请过很多员工，但这些员工却因为粗心、懒惰、能力不足，没有做好分内之事而频繁遭到解雇。与此同时，社会上众多失业者却在抱怨现行的法律、社会福利和命运对自己的不公。

一位父亲告诫他的每个孩子："无论未来从事何种工作，一定要全力以赴、一丝不苟。能做到这一点，就不会为自己的前途担心。世界上到处是散漫粗心的人，那些善始善终者始终是供不应求的。"

把企业当作自己的家，把自己当作企业的主人，是自动自发工作精神对员工的高层次要求。员工一旦真正做到了这一点，就必然会形成自动自发的工作习惯，也就必然会创造优良的业绩。而能够创造优良业绩的员工，必然是不断被提升、不断走向成功的员工。

06 和老板
同乘一条船

对于老板而言，公司的生存和发展需要员工的敬业和服从；对于员工来说，他们需要的是丰厚的物质报酬和精神上的成就感。从互惠共生的角度来看，两者是和谐统一的。公司需要忠诚和有能力的员工发展业务，员工必须依赖公司的业务平台才能发挥自己的聪明才智。

在如今，并不缺乏有能力的人，那种既有能力又忠诚于企业和老板的人，才是每个企业最理想的人才。现代管理学认为，员工的忠诚是企业核心竞争力的重要组成部分。没有了忠诚，企业迟早会在残酷的市场竞争中被淘汰出局；同时，忠诚带给员工的收益也是终身的。

这是一次激烈的商业谈判，双方的交锋异常尖锐。A公司的谈判人员要想按照公司事先定好的计划来谈恐怕会有一些问题，但是他们必须获得成功，因为这次交易的商业利润非常可观。B公司也有自己的底线，但是他们不能轻易地亮出自己的底线，谈判一直在僵持中。

A公司一直摸不清B公司的谈判底线，经过几天的周旋，还是雾里看花。A公司的谈判助理说："实在不行，我们就收买他们的谈判人员，答应谈判成功之后给他丰厚的回报，这对我们来说，是舍小保大，从长远来看是值得的。我听说C公司和D公司也已经介入了，如果不采取措施的话可能会失去这样的机会。"

谈判副主席对此不同意，认为这样做违背公平竞争的原则。

最后，谈判主席，也就是这家公司的副总裁认为可以试一下，他说："我想证明一个问题。"

A公司的谈判助理以为，没有人不喜欢钱，"重赏之下，必有勇夫"，他制订好计划就开始了运作。然而，事情居然出乎他的意料，他以为自己的计划很周详，也很到位，给对方的回报也不低，没想到却遭到了B公司谈判人员的坚决拒绝。

A公司的谈判助理悻悻而归。当他把这个消息告诉A公司的谈判主席时，谈判主席却笑了，并且点点头。

第二天谈判开始的时候，没有人说话。

这时A公司的谈判主席说话了："我们同意贵公司提出的价钱，就按照你们说的价钱成交。"这是让A、B公司的谈判成员都没有想到的。

接着，A公司的谈判主席继续说："我的助理做的事情我是知道的，我当时没有反对，就是想证明一件事。最终证实我的猜想对了，贵公司的谈判人员不仅谈判技巧高明，而且协作非常好，最关键的一点是，你们对自己的公司非常忠诚，这很令我敬佩。我们是对手，成交的价钱是我们分胜负的标准。但是，一个企业的生存并不仅仅依靠钱的多少，员工的忠诚和责任对于一个企业而言，是命脉。你们的表现让我看到贵公司命脉坚实，和你们合作，我们放心。从价钱上来看，我们是亏了一些，但我认为我们会赚得更多。"

他的话刚说完，全场就响起了热烈的掌声。

忠诚和责任是最基本的商业精神。有责任感和忠诚心的员工，他们会顾全大局，以公司利益为重，绝不会为个人的私利而损害公司的整体利益，甚至不惜牺牲自己的利益。他们相信，只有公司强大了，自己才能有更大的发展。

事实上，有这种想法的员工才有可能被真正地委以重任。往往是那些有责任感的员工，才真正知道自己需要什么，企业需要什么。

现在的企业越来越小型化，竞争越来越激烈。如果员工和老板之间彼此针锋相对，互不信任，自然无暇抗拒来自外部的竞争。只有愚蠢的员工才会耗费大量的精力去和老板争斗；聪明优秀的员工会不断调整自己的思路，与老板保持一致，因为他们已经开始意识到以下的变化趋势：

1.个人的利益与公司利益、老板利益正紧密地结合在一起。只有企业发展壮大了，员工的个人利益才能得到可靠地保证。

2.员工个人才华的有效发挥越来越离不开老板。只有在企业中找到自己适合的工作平台，才能尽可能地施展出所学与专长。

3.员工个人的事业发展也离不开老板。员工如果处处从老板的角度着想，在工作上竭尽所能，也就有可能在个人的事业发展上有所建树，有所成就。

企业的成功不仅意味着老板的成功，也意味着员工的成功。也就是说，你必须认识到，只有老板成功了，你才能够成功。老板和员工的关系是"一荣俱荣，一损俱损"，认识到这一点，主动做事，帮老板获取成功，你很快就能在工作中赢得老板的青睐。

所以，员工与老板绝不是一对天生的冤家，而是互惠互利、创造双赢的合作者。一般说来，那些时刻同老板保持立场一致，并帮助老板取得成功的人，才能成为企业的中坚力量，才会成为令人羡慕的成功人士。

07 独立
完成工作

依赖的习惯，是阻止你迈向成功的一个绊脚石，要想成就大事就必须把它踢开。成就大事的人认为拒绝依赖是对自己能力的一大考验。依赖别人是肯定不行的，因为这就等于是把自己的命运交给了别人，从而失去了做大事的主动权。

最好拒绝和消除依赖别人的不良心理现象，要有自己面对困难的勇气，努力独立完成自己的工作，才能得到别人的认可与赞同，受到上司的表扬，如果你不能有效摆脱与消除在心理上对别人的依赖性，你在通向前进的路上必然会障碍重重。

你必须拒绝依赖，只有努力把自己的工作做好才有望得到提升，你必须证明自己能独立地工作，能够独立创业，才能证明自己是一个有用之才。

美国独立企业联盟主席杰克·法里斯13岁时，他开始在他父母的加油站工作。那个加油站里有三个加油泵、两条修车地沟和一间打蜡房。法里斯想学修车，但他父亲却让他在前台接待顾客。

当有汽车开进来时，法里斯必须在车子停稳前就站在司机门前，然后忙着去检查油量、蓄电池、传动带、胶皮管和水箱。法里斯注意到，如果他干得好的话，顾客大多还会再来。于是，法里斯总是多干一些，帮助顾客擦去车身、挡风玻璃和车灯上的污渍。

有段时间，有一位老太太每周都开着她的车来清洗和打蜡。这个车的车内地板凹陷极深，很难打扫。而且，这位老太太很难打交道，每次当法里斯给她把车准备好时，她都要再仔细检查一遍，让法里斯重新打扫。

终于有一次，法里斯实在忍受不了了，他不愿意再侍候她了。法里斯用乞求的目光看着父亲，希望父亲能过来帮助。法里斯回忆道，他的父亲告诫他说："孩子，努力，独立完成工作！不管顾客说什么或做什么，你都要记住你的工作。"

父亲的话让法里斯深受震动，法里斯说道："正是在加油站的工作使我学到了严格的职业道德和独立完成工作的精神。这些东西在我以后的职业经历中起到了非常重要的作用。"

"记住，这是你的工作！"这是对每一个员工说的。

如果你依赖别人，那么你将失去自己的色彩；如果你依赖别人，你就至少部分地把自己交付给了自己所依赖的人，自己就受到了他的支配；如果你依赖别人，就会丧失主动进取的精神，使自己陷入被动的境地。

对工作不能认真完成，总是推三阻四，老是抱怨，寻找种种借口为自己解脱；不能最大限度地满足顾客的要求，不想尽力超出客户预期服务；对工作没有激情，总是推卸责任，不知道自我批评；不能保质保量地完成上级交付的任务；对自己的公司、老板、工作这不满意，那不满意，指手画脚，挑三拣四。从根本上说，这种人的心理还没有成熟。

如果你依赖别人，那就等于自己接受了由别人强加给你的、一种与你的个性与信念不相容的思维方式和行为方式。一味地寻求"支援"与"赞助"的话，将会危及自己的进步与成功。我们要坚信：每个员工都能独立地完成自己的工作！自己完全可以作一个不依赖别人的人。假如，你是一位依赖别人的人，那么，给你开出的一剂最好的救治良药就是：端正坐姿，然后面对内心，大声而坚定地告诉自己：努力，独立完成工作！

既然你选择了这个职业，选择了这个岗位，就必须接受它的全部，独立地完成它，而不要只享受它给你带来的益处和快乐。哪怕它前面有险峰和深谷，哪怕它前面有冰川和火海，哪怕有着屈辱和责骂，那也是这个工作的一部分，需要你自己去体会！

工作会带给你金钱、利益，更会给你带来归属感和荣誉感，不要忘记自己的责任，要勇于承担自己的使命。工作是需要我们用生命去做的事。在工作的困难面前，我们不要等待别人的援助，要自己想办法克服，挺过去，这样才能够锻炼自己操纵命运的能力。

假如你是一个对自己负责任的员工，你不妨这样做：一旦你决心克服依赖别人的"心理借口"，你应当从一些简单的调整开始，逐步改变自己总是依赖别人的不良习惯。

自主的人，能傲立于世，能力拔山河，能开拓自己的天地，得到他人的认同。勇于驾驭自己的命运，学会控制自己，自主地对待工作，这是成功的意义。

只有靠自己取得的成功，才是真正的成功。

08 点燃
工作的热情

美国伟大的哲学家爱默生说："不倾注热情，休想成就丰功伟绩。"热情是工作的灵魂，是一种能把全身的每一个细胞都调动起来的力量，是不断鞭策和激励我们向前奋进的动力。在所有伟大成就过程中，热情是最具有活力的因素，可使我们不惧现实中的重重困难。每一项发明，每一个工作业绩，无不是热情创造出来的，热情是工作的灵魂，甚至就是工作本身。

微软公司招聘员工时，有一个很重要的标准：他首先应是一个非常有激情的人，对公司有激情、对技术有激情、对工作有激情。也许你会觉得奇怪，在一个具体的工作岗位上怎么会招聘这样的人，他在这个行业涉猎不深，年纪也不大。但是公司认为他有激情，和他谈话之后，你会受到感染，愿意给他一个机会。

美国著名人寿保险推销员弗兰克·帕克凭借着他的热情创造了一个又一个的奇迹。最初帕克是一名职业棒球运动员，由于缺乏激情，动作无力，被球队开除了。球队经理对帕克说："你对职业没有一点热忱，不配做一名棒球运动员，无论你走到哪里，做任何事情，若不能打起精神来，你永远都不可能有出路。"后来，朋友又给帕克介绍了一个新的球队，到达新球队的第一天，帕克做出了一生最重大的转变，他决定要作美国历史上最有热情的职业棒球运动员。

结果证明，他的转变对他具有决定性的意义。在球场上，帕克先生就像身上装了马达一样，强力地击出高球，使接球的人手臂都被震麻木了。有一次，帕克先生像坦克一样高速冲入三垒，对方的三垒手被帕克先生强大的气势给镇住了，竟然忘记了去接球，帕克先生很轻松地赢得了胜利。

热情给帕克先生带来了意想不到的结果，他的球技好得超出了自己的想象。更重要的是，帕克先生的热情，也感染了其他的队员，大家都变得激情四溢。最终，球队取得了前所未有的佳绩。当地的报纸对帕克先生大加赞扬："那位新加入进来的球员，无疑是一个霹雳球手，全队的人受到他的影响，都充满了活力，他们不但赢了，而且打了一场本赛季最精彩的比赛。"

而帕克先生呢，由于对工作和球队的热情，他的薪水由刚入队的500美元提高到约4000美元，是原来的7倍多。在以后的几年里，凭着这一股热情，帕克先生的薪水又增加了约50倍。

　　你一定会为帕克先生的热情所折服，但故事到此并没有结束。后来由于腿部受伤，帕克先生不得不离开了心爱的棒球，来到一家著名的人寿保险公司当保险助理，但整整一年他都没有一点业绩。帕克先生又迸发了像当年打棒球一样的工作热情，很快，他就成了人寿保险界的推销至尊。他深有感触地说："我从事推销30年了，见到过各种各样的人，由于对工作保持热情的态度，有的人收效成倍地增加，我也见过另外一些人，由于缺乏热情而走投无路。我深信热情的态度是成功推销的最重要因素。"

　　一个人在工作时，如果能以精进不息的精神，火焰般的热忱，充分发挥自己的特长，那么即使是做最平凡的工作，也能成为最精巧的工人；如果以冷淡的态度去做哪怕是最高尚的工作，也不过是个平庸的工匠。

　　在这个社会中，职场人士承担着巨大的有形或者无形的压力。同事之间的竞争、工作方面的要求，以及一些日常生活琐事，无时无刻不在禁锢着我们的心灵。于是在种种的压力和禁锢之后，无精打采、垂头丧气和漠不关心扼杀了我们心中对事业的美好追求和热忱。从热爱工作到应付工作，再到逃避工作，我们的职业生涯遭到了毁灭性的打击。

　　于是，一切开始平平淡淡，昔日充满创意的想法也消失了，每天的工作只是应付完了就行，既厌倦又无奈，找不到自己的方向，也不清楚究竟怎样才能找回曾经让自己心跳的激情。在老板眼中，你也由一个前途无量的员工变成了一个比较普通的员工。

　　要想在工作上取得成就，让老板对你青睐有加，就必须要保持对工作的热情。人生目标贯穿于整个生命，你在工作中所持的态度，使你与周围的人区别开来。热情给弱者以新的勇气，给心灰意冷以新的希望，给那些坚强勇毅之人以更强大的力量。

　　那些对工作缺乏激情的人，总认为工作是枯燥乏味的，缺少乐趣。工作对我们而言究竟是乐趣还是枯燥乏味的事情，完全取决于我们自身的态度。

如果你只把目光停留在工作本身，那么即使是从事你最喜欢的工作，你依然无法保持持久地对工作的热情。如果在拟定合同时，你想的是一个几百万元的订单；搜集资料、撰写标书时你想到的是招标会上的夺冠，你还会认为自己的工作周而复始、枯燥无味吗？

我们欣赏满腔热情工作的员工，也相信每个公司的老板也同我们一样。正如一位著名企业家所说："成功并不是几把无名火所烧出来的成果，你得靠自己点燃内心深处的火苗。如果要靠别人为你煽风点火，这把火恐怕没多久就会熄灭。"

要想保持对工作的持久激情，就要不断给自己树立新的目标，挖掘新鲜感；把曾经的梦想拣起来，找机会实现它；审视自己的工作，看看有哪些事情一直拖着没有处理，然后把它做完……在你解决了一个又一个问题后，自然就产生了一些小小的成就感，这种新鲜的感觉就是让激情每天都陪伴自己的最佳良药。

虽然人类永远不能做到完美无缺，但是在我们不断增强自己的力量、不断提升自己时候，我们对自己要求的标准会越来越高，我们也会因此离完美越来越近。这就是人类精神的永恒本性。

09 用热情
挑战工作

热情，就是一个人保持高度的自觉，就是把全身的每一个细胞都激活起来，完成他心中渴望的事情。热情是一种强劲的情绪，一种对人、事、物和信仰的强烈情感。热情甚至可以改变历史，多少伟大的爱情故事、多少历史的巨大变革，都与热情息息相关。

对待工作，同样需要注入巨大的热情，只有热情，才能取得工作的最大价值，获得最大的成功。

道格拉斯是一家公司的采购员，他非常勤奋而刻苦地工作，对工作有一种近乎狂热的热情。他所在的部门并不需要特别的专业技术，只要能满足其他部门的需要就可以了。但道格拉斯千方百计设法找到供货最便宜的供应商，买进上百种公司急需的货物。

他兢兢业业地为公司工作，节省了许多资金，这些成绩，大家都有目共睹。在他29岁那年，也就是他被指定负责采购公司定期使用的约1/3的产品的第一年，他为公司节省的资金已超过80万美元。公司的副总经理知道了这件事后，马上就提高了道格拉斯的薪水。道格拉斯在工作上刻苦努力，博得了高级主管的赏识，他在36岁时就成为这家公司的副总裁，年薪超过10万美元。

对于职场中人来说，当你正确地认识了自身价值和能力及担负的社会责任时，当你对自己的工作感兴趣，认为个人潜力得到发挥的同时，你就会产生一种肯定性的情感和积极态度，把自觉自愿承担的种种义务看做是"应该做的"，并产生一种巨大的精神动力，即使在条件比较差的情况下，也不会放松对自己的要求，还会更加积极主动地提高自己的各种能力，创造性地完成自己的工作。

当一个人对自己的工作充满激情的时候，他便会全身心地投入自己的工作中，这时候，他的自发性、创造性、专注精神等一切对自己工作有利的条件便会在工作的过程中充分表现出来，他就能够把工作做到最好。

卡通大王迪斯尼就是用热情之火点燃了自己的事业之光。

年轻时的迪斯尼就梦想着制作出能够吸引人的动画电影来。他以极大的热情投入到工作当中去。为了了解动物的习性，他每周都亲自到动物园去研究动物的动作及叫声。他所制作的动画片中，很多动物的叫声，都是他亲自配的音，包括那位可爱的米老鼠。

有一天，他提出了一个构想，就是将儿童时期母亲所念过的童话故事，改编成彩色电影，那就是"三只小猪与野狼"的故事。

助手们都摇头不赞成，后来只好取消。但是这个想法在迪斯尼心中却一直挥之不去，他屡次提出这个构想，都一再地被否决掉。

终于，凭着他的这种无与伦比的工作热情和永不放弃的精神，大家才答应姑且一试，但是却对它不抱任何希望。然而，剧场的工作人员都没有料到，该片竟受到全美国人民的喜爱。

这实在是空前的大成功。从乔治亚州的棉花田到俄勒冈州的苹果园，它的主题曲立刻风靡全美国——"大野狼呀，谁怕它，谁怕它。"

如今，大概全世界的人都知道米老鼠和唐老鸭的故事，迪斯尼的成功秘诀就在于热情的工作，热情使他赢得了巨大的成功。

如果一个人鄙视、厌恶自己的工作，那么他必遭失败。

任何一个公司的老板，都希望自己的员工能对工作充满热情，并且费尽心机地寻找那些能对自己的工作充满热情的人，因为任何一个企业的支撑和发展都需要这样的人。一个对工作缺乏热情的人，根本无法把工作做好。

许多人对工作没有热情，总是把原因归咎于自己的工作缺乏创造性，从而导致自己缺乏对工作的热情。

其实，每个人都具有对工作的热情，缺乏热情的深层原因在于他们自己的内心深处，有一种对热情的畏惧。

有很多人都生活在一种被束缚、被阻碍的不良环境中；生活在足以泯灭热情、丧失志向、分散精力、浪费时间的氛围中。他们没有勇气去清除束缚他们的桎梏，也没有毅力去抛弃旧有的一切。终于，他们的志向会因没有成绩、失望之致而归于泯灭。

许多员工，本来也对工作充满了热情，也有志于表现他们自己，但被过度的胆怯与缺乏自信两者所束缚、所阻挡，因害怕失败而不敢行动。怕被别人讥讽和嘲弄，害怕流言蜚语，这种恐惧心理导致他们不敢说话，不敢做事，不敢冒险，不敢前进。他们只能等待，希望有一种神秘的力量，可以给予他们信心与希望。结果在漫长的等待中，日子一天天地过去，自己也日渐消沉。

卡耐基说，一个年轻人最让人无法抵御的魅力，就在于他满腔的热忱。在年轻人的眼里，未来只有光明，没有黑暗，即使会遇到险境，最终也可以转危为安。他不知道世界上还有"失败"这两个字，他相信，人类历史过程中所有的劳作，都是为了等待他的出现，等待他成为真善美的使者。

10 从同事
那里借智慧

走向成功，仅仅靠个人的力量和智慧是不够的，还需要凝聚他人的智慧。学会真诚地欣赏别人，宽容地对待别人，从而把工作做得更好。从小的方面说，可以使你的工作得到进步提升；从大的方面说，可以使得你的企业得到更大发展。

俗话说："三人行，必有我师。"同事就是你身边最好的老师，也是让工作变得美好的关键人物。我们为什么不能将同事视为"良师益友"呢？向同事学智慧，其实是在不断地充实自己，完善自己，这样也更容易使得趋于戒备和紧张的同事关系得到缓和。同事好为人师的心态，会因你的行为得到满足。一旦同事向你支招，友谊的花朵就会在不知不觉间盛开，一种惺惺相惜的轻松氛围也会在彼此之间形成，你们之间的竞争关系也会有意想不到的改善。

向同事学智慧，看看他们遇到难以解决的问题时，是怎样化险为夷、拨云见日的。当你遇到困难、问题时，想想同事的优点，然后对他说：我要拜你为师，请多多指教。如果你这样做了，你会发现，同事并不像你以前所认为的那样"面目可憎"。

在公司里，要想做事少碰钉子、失误少，最聪明的办法就是多参考同事的意见，因为这些意见，常常是他们自己付出代价换来的经验之谈。

在公司市场营销部工作的白强最近很烦躁，因为公司连着四个月的业绩评比表中，白强都在萧萧之下，屈居第二，他很不服气。他认为自己工夫下得不比萧萧少，资历也比她老，怎么可能排在她后面呢？萧萧这个进公司不到三年的小丫头，所掌握的客户资源竟然是他这个元老的1.5倍，好胜心强的白强决定与萧萧一拼高低。

于是，白强想尽一切办法进入了萧萧的电脑系统，查看她的客户分布，冒险去挖她的客源。萧萧知道此事后非常恼火，当面指责白强"恶性竞争"、"挖别人的墙角"，并对他提出严重警告：再这样下去，就别怪我不顾你这位老前辈的面子，把真相告诉老板。因此两人的关系闹得很僵。

白强想想两人唇枪舌剑的瞬间，心头豁然开朗：现在的年轻人性格直爽，只要我放得下老前辈的架子，不耻下问，她一定会尽释前嫌，并把盘活客户资源的技巧告诉我。问题一想通，白强的心头轻松多了，他特意邀请萧萧去健身，并诚恳地请教一些问题。这倒让萧萧感觉不好意思了，她说："以前我对你的态度有些过分，请多谅解。"并讲了一些自己做营销的心得："其实也没什么，只不过是我看书多、上网多、领悟快。做营销，发展新客户是一条路，而盘活老客户更重要。如果老客户感觉到你的真诚和友善、你的信誉和热情，他可能就会把他的亲朋好友介绍给你，为你发展新客户。我特别准备了一个笔记本，专门记录客户的特殊情况，以便在细微之处做文章，比如出差时顺便看望客户刚刚考入该地大学的孩子，又如在特殊的日子里，替当日有重要会议的人送一束鲜花给他的家人……我从不以为这是工作以外的琐事，相反，干这些工作就要有'功夫在诗外'的精神。我为每位老客户都设立了生日档案，他们过生日，我会亲自做一张精致的贺卡，并配上小礼物寄给他们，很多客户收到时都感动，特地打电话向我表示感谢……"

白强听了这些，恍然大悟。在以后的工作中，他也用起了这几招，果然业绩迅速攀升，与萧萧旗鼓相当了。更为可喜的是，他与萧萧的关系也更团结了，合作起来也更愉快了。

面对困难、问题，抱着顽强的态度与执著的精神固然不错，但一个人的力量毕竟是有限的，学会适时地求助于人，借用一下他人的智慧，是一种谦卑，更是一种聪明，不但让你在工作的迷途中找到方向，更快地前进，还能改善与同事的人际关系，工作起来更加舒心快乐。

在现代职场上，同事中的良师益友是工作中不可缺少的"必需品"。他们也许并不能帮你避免工作中遇到的困难、问题、挫折，但却可以帮助你克服困难，解决问题。一名出色的向导不仅能指出无数条通往相同目的地的道路，还能帮你找出最佳路径并告诉你哪些踏脚石可以帮助你安全过河。他虽不能代替你跨过河流，却能告诉你哪些踏脚石会使你落水。

苹果电脑公司前总裁史考利，在一次对公司600名女性员工演讲时说："良师益友非常重要。如果没有他们的带领，我也许没有机会进入这个行业。提携后进是极有效的过程，有两位我指导的女性，现在都是苹果电脑的副总经理。"

每个人都有自己的喜好和兴趣，没必要人云亦云，也没必要过分强调自我，或把自己看轻。把自己融入大集体中，可以在不经意间增长你的见识，使你获得意外收获。也不要以为这个世界只存在竞争，不要以为战场上只有敌人，其实只要你以真诚之心相对，你会发现更多的真诚面孔。

如果你留心观察，善于分析，你会发现公司的每一项计划或变动都不会悄然而至。同事间的闲聊很可能在无形之中为你提供一种"早期预警功能"，你可以从中发现新的计划、新的项目，甚至包括高层领导人最近的情绪。

与同事交往能够扩大你的声誉，提高你的知名度。"重在参与"绝不是失败者的一种托词。随着社会经验的增长，你会发现，有很多事情不管你愿不愿意，喜不喜欢，参与其中总能获得某些对你有利的信息。如果你善于交往，升迁的机会、加薪的机会就不会因为你的沉默而无声跳过。即使失败了，至少你也知道输给了谁，以及输的原因。

很多人认为只要自己闷头苦干，一切都会水到渠成。事实上，你的功绩很可能被埋没，只有善于抓住机会的人，才能给自己创造出成就伟业的机会。一些人不喜欢与同事闲聊，更讨厌将本该休息的时间用于与人交往，他们认为这种做法太过功利，太工于心计。其实，只要你对人心怀好意，这其实是对自己极为负责的态度。

同事中的良师益友能在平等的基础上，提供信息与指导原则，他们如果有十分宝贵的信息与经验就会很愿意与你分享，而这些正是为你开启光明前途大门的钥匙。

在工作中向同事学习，把他们当作你身边最好的老师就是为自己的前途积累财富，有一句话叫"赠人玫瑰，手有余香。"注重别人的优点，抓住自己的机会，别让自己心存怀疑，以心换心，你的事业将会获得更大的成功。

11 不要忽视
小事的价值

"千里之堤，溃于蚁穴"。很多时候，细节决定成败。做事一丝不苟，意味着对待小事和对待大事一样谨慎。生命中的许多事情中都蕴含着令人不容忽视的道理，却很少有人能真正体会到。那种认为小事可以被忽略、置之不理的想法，正是我们做事不能善始善终的根源，它导致工作不完美、生活不快乐。

能把简单的事做好就是不简单，能把平凡的事做好就是不平凡。

每个人都是自己命运的设计者，我们每天所做的事情都有可能会影响到自己的命运。无论你现在所做的事有多小，你都要全心全意把它做好，要知道，轻视小事就无法成就大事。从小事开始，一步一个脚印，逐步培养自己的才能，训练自己处理事情的方式，积累经验，日后才能成就大事。如果眼高手低，小事不愿做，大事不会做，最终将一事无成。

一个人的竞争优势归根结底是敬业的优势，而敬业的优势则更多的是通过细节体现出来。老子曾说："天下难事，必作于易；天下大事，必做于细。"使人走向成功的不是"天将降大任于斯人"的豪言壮语，而是"杀鸡也要用牛刀"的对细节的专注精神。

每一件大事都是由许多环节组成的，而每一个环节都是由若干小事组成的，做好每一件小事，掌握每一个环节，你就具备了做大事的本领。

约翰·布兰德的成长经历，可以说是对"小事成就大事"最完整的诠释。20岁那年，约翰进入福特汽车公司的一家制造厂。当时，福特公司的一部汽车由生产各种零部件到装配出厂一般要经过13个部门的合作，每一个部门的工作内容和工作性质都是不同的。约翰心想，既然自己加入了汽车制造这一行，就要做出一定的成绩，而要真正做出成绩，就必须对汽车的整个生产制造过程有全面深入的了解。

于是，他主动向上级申请，自己要从基层的杂工做起。杂工不是正式的工人，也不属于哪个特定的部门，更没有固定的工作场所，哪里有活就到哪里去。正是因为这种灵活的工作方式，使约翰有机会与工厂的各个部门接触，从而对各部门的工作性质和工作内容慢慢有了了解。

两年的杂工经历让约翰对汽车的制造过程有了较为全面的认识，随后他申请调入汽车椅垫部工作。由于他之前工作非常勤奋，申请很快就被批准了。他工作起来非常踏实认真，不久就掌握了多种汽车椅垫的制造工艺。后来，他又陆续申请去了车床部、车身部、电焊部、油漆部等其他多个部门。在不到5年的时间里，他几乎把每个部门的工作都做了一遍。最后，他决定进入最后一站——申请去装配线上工作，这也是整个汽车制造的最后一环。

父亲对约翰的行为不太理解，他问约翰："你都工作五六年了，还在做这些焊接、刷漆、造零件的小事情，何时能出头呀？"约翰笑着回答道："爸爸，我做的可都不是小事呀！汽车不就是这样制造出来的吗？等我把这些小事都学会了，我就可以造出一辆完整的汽车了。我学的不是造零件，而是造汽车呀！"当认为自己对整个汽车的生产过程都比较了解之后，约翰觉得是应该提升自己职位的时候了，于是决定把装配线当做自己崭露头角的"根据地"。

因为之前对各种零部件都比较了解，懂得各种零部件的制造特点和优劣，因此他的装配操作进行得十分顺利，水平渐渐超过了装配车间的许多老员工，他所装配的汽车很少发生检验不合格的情况。不久之后，他就凭借自己的能力晋升为装配车间的领班。一年后，他又被破格提升为整个制造厂的总领班。如果一切顺利的话，他将很快晋升经理……

任何一项工作的任何一个环节都是重要的，都不应被忽视。如果你想做大事，那就先从底层做起，从小事做起，打牢基础，然后才能掌控全局，成就大事。聪明的人会把做小事当做自己成功的起点，因为一个人在经验不足、技能较差的时候，做小事更容易出成绩、提升自己。

工作中无小事。所有的成功者与我们一样，每天都在对一些小事全力以赴，唯一的区别是他们从不认为自己所做的事是简单的小事。

一个穷孩子走进法国的一家银行，请求找一份工作。银行的主管对他进行简单了解之后，拒绝了他。这个穷孩子从银行大门走出去的时候，捡起了地上的一枚别针。他的这一举动恰好被银行的经理看到了，经理将这名男孩叫了回去，并当即给他安排了一项工作。这个男孩就是后来法国著名的银行家——拉弗特。

不要小看小事，不要讨厌小事，只要有益于自己的工作和事业，无论什么事情我们都应该全力以赴。用小事堆砌起来的事业大厦才是坚固的；用小事堆砌起来的工作才是真正有质量的工作。

几乎所有初入职场的人，不管是在哪个领域，加入什么样的企业，从事什么样的工作，都会经历一段或长或短的做小事的"蘑菇"期。优秀的人，都可能先被派去做一些琐碎的小事，身处阴暗的角落，甚至还经常遭受委屈、批评和责骂。这段时期，往往是考验一个人的关键时期，那些心高气傲，不能认真踏实地把小事做好的人总是在这段时期很快被淘汰。

同时起步的人，做着同样简单的工作。但最后，有的人升迁了，有的人却还在原地踏步，差别就在于个人的工作态度。不要轻视小事，因为小事往往具有重要的价值。

12 遵守纪律
的轨道

纪律就是规矩，规范。纪律，是世界上最重要的东西，没有纪律，就没有品质；没有品质，就没有进步。

一个优秀的公司，必定有一支有纪律的团队，它富有战斗力、团结协作和进取心。在这种团队中必定有强烈纪律观念的员工，他们一定是积极主动、忠诚敬业的员工。可以说，纪律永远是忠诚、敬业、创造力和团队精神的基础。对企业而言，没有纪律，便没有了一切，就像是一列火车，脱离了轨道。

西点军校采取各种方式对学员进行纪律锻炼，足见学校对学员纪律的重视。通过多年教学经验的积累，西点建立了一整套完备的规章制度和惩罚措施，以确保纪律锻炼的实施。比如，如果学员违反了整理内务的规定，学校通常惩罚他们身着军装，怀抱被褥和枕头，在校园的操场上跑圈，少则几圈，多则几十圈。据说，艾森豪威尔到西点不久，就因为他的自由散漫而经常受到惩罚。不过他受到的惩罚不是抱着被子在操场上跑圈，而是肩扛步枪，在校园的一个院子里正步绕圈走。由于经常会受到惩罚，他只能像小鸡在田间来回走动一样在操场上来回走步，因此得了个"操场上的小鸡"的头衔，只是不如小鸡那样自由罢了。

西点认为，通过纪律锻炼，可以迫使一个人学会在艰苦条件下怎样工作与生活。西点学员的纪律锻炼在入学的第一年就要完成。比如整理内务，可以由高年级的学员命令新生在5分钟内完成，然后向他们报告："已作好检查准备。"之后又是类似的命令，如此反复，新生也必须遵守纪律，无条件地执行。

这样的纪律训练会贯穿于新生入学的整整一年，纪律观念由此深深地"烙"在每个人的脑中。学员们在获取强烈纪律观念的同时，也培养了他们高度的自尊心、自信心和责任感，这些优秀的精神和品质使他们终身受益。

一个西点军校的老学员在自己的回忆中，动情地说："我在学校接受了关于纪律的严格训练，它促使我成长为一名优秀的中将指挥官。在退役后，我投身到企业管理之中，并很成功地把西点关于严格守纪的观念移植给企业的每一个员工，它又帮助我取得了巨大的成功。我发现，纪律的作用和重要性，比人们通常所想象的还要大很多倍。"

员工在公司中，要有强烈的纪律意识，只有保持良好的纪律意识，该干什么就毫不犹豫地去干什么，工作和事业才能成功发展。就如同火车一样，只有沿着轨道，才能高速前行。因此，每个员工把纪律这个"轨道"烙在脑海中，才能顺利开创工作新局面。正如伟大的巴顿将军所说："我们不可能等到2018年再开始训练纪律性，因为德国人早就这样做了。你必须做个聪明人，动作迅速、热情高涨、自觉遵守纪律，这样才不至于在战争到来的前几天为生死而忧心忡忡。你不该在思考后去行动，而是应该尽可能地先行动，再思考——在战争后思考。只有纪律才能使你所有的努力、所有的爱国之心不致白费。没有纪律就没有英雄，你会毫无意义的死去。有了纪律，你们才真正的势不可挡。"

对一个员工来说，敬业、热情、协作等精神是最重要的。但是，人生来并不具有这些精神，没一个员工是天生不找任何借口的好员工。所以，对员工进行纪律的培训也就十分重要，就像员工每天被要求要保持整洁的着装和仪表一样，最后是要让所有的人都明白：纪律只有一种，这就是完善的纪律。

作为公司的老板，也要加强员工的纪律性。老板要用严格的纪律去要求他的员工，做任何工作，在不允许妥协的地方绝不能妥协，在不需要借口时绝不找任何借口，要按照纪律的要求不折不扣地去执行。他要深入到厂房车间，查看各种规定是否被严格执行，比如质量标准，操作程序之类的规定必须严格执行。老板可能由此成为不受员工们欢迎的人。但是，这里的员工却会因为这些规定而发生很大变化，它不由自主地变成了一个坚决执行任务、具有荣誉感和进取精神的团队……

优秀的员工一定能清醒地认识到，在纪律问题上，要无条件地服从上司。要知道，纪律比什么都重要，它是自己职业的客观需要，是每个人保持工作动力的重要因素，是极大限度地发挥潜力的基本保障。有了对纪律性如此的认识和执行观念，将成为事业成功的重要因素之一。

"工欲善其事，必先利其器。"要想构建一个团结有力、无坚不摧的团队，就必须有纪律的保证。团队要想有更好地发展，就必须磨砺团队中每个成员无比坚强的信念，就必须要求每个成员用严明的纪律来约束自己。

第五章

有超越自我的心态，就能获得成功

只有行动才能缩短自己与目标之间的距离，只有行动才能把理想变为现实。伟大的成功通常都是在无数次的痛苦失败之后才得到的。每一个成就伟大事业的人，都是一个梦想家。梦想一个伟大的成果，用超越自我的心态去行动，你就会成就卓越。

01 行动永远
是第一位的

对于自己的目标，智者会采取积极的行动去实现它，绝不会坐着等待成功来敲门；而愚者的目标确立后，往往是反复斟酌的，力争达到万无一失，但是每一个目标都会被他自己所推翻。因此，愚者纵然为自己设立了很多目标，却没有一个得以实现，这些目标，只存在于愚者的幻想之中。

英国前首相本杰明·迪斯雷利曾指出，虽然行动不一定能带来令人满意的结果，但不采取行动就绝无满意的结果可言。

如果你想取得成功，就必须先从行动开始。

每天不知会有多少人把自己辛苦得来的新构想取消，因为他们不敢执行，过了一段时间以后，这些构想又会回来折磨他们。

天下最可悲的一句话就是："我当时真应该那么做，但我却没有那么做。"经常会听到有人说："如果我当年就开始那笔生意，早就发财了！"一个人被生活的困难磨久了，如果有了一个想要改变的梦想，却迟迟没能走出第一步，那么，梦想无论多么远大也是没有用的。

世界上没有完美的事物，所以再好的新构想也会有缺陷。而一个很普通的计划，如果确实执行并且继续发展，要远远胜过半途而废的好计划。因为前者贯彻始终，后者却前功尽弃。

连绵秋雨已经下了几天，在一个大院子里，有一个年轻人浑身淋得透湿，但他似乎毫无觉察，满天怒气地指着天空，高声大骂着："你这该千刀万剐的老天呀，我要让你下十八层地狱！你已经连续下了几天雨了，弄得我的屋子漏了，粮食也霉了，柴火也湿了，衣服也没得换了，你让我怎么活呀？我要骂你、咒你，让你不得好死……"

年轻人骂得越来越起劲，火气越来越大，但雨依旧淅淅沥沥，一点也没

有要停的意思。

这时，一位智者对年轻人说："你湿淋淋地站在雨中骂天，过两天，下雨的龙王一定会被你气死，再也不敢下雨了。"

"哼！它才不会生气呢，它根本听不见我在骂它，我骂它其实也没什么用！"年轻人气呼呼地说。

"既然明知没有用，为什么还在这里做蠢事呢？"

"……"年轻人无言以对。

"与其浪费力气在这里骂天，不如为自己撑起一把雨伞，亲自动手去把屋顶修好，去邻家借些干柴，把衣服和粮食烘干，好好吃上一顿饭。"智者说。

"与其浪费力气在这里骂天，不如为自己撑起一把雨伞。"智者的话对于我们来说，不失为一句"醒世恒言"。与其在困境中哀叹命运的不公，为什么不把这些精力用在改变困境的行动上呢？

"说一尺不如行一寸。"无论现在做什么事情，都要有一种紧迫感。万事行动果断，方可争得先机、拔得头筹。任何希望，任何计划最终必然要落实到行动上。只有行动才能缩短自己与目标之间的距离，只有行动才能把理想变为现实。

02 要么进取，
要么出局

　　有人曾把世界比喻成竞技场，每一个人从出生那天起，就投入比赛中了。比学习成绩，比工作成果，比事业成就，比家庭幸福……成功的人，总是那些积极进取、不满足现状的人。

　　这个世界本来就是一个多变的世界，只有跟着世界的变化而变化才能更好地生存，这是一条非常重要的生存法则。洛克西德·马丁公司董事长诺曼·奥古斯丁说："世界上只有两类企业：一类在不断进取，另一类被淘汰出局。"要么进取，要么出局，这是市场游戏的规则。

　　时代的进步，就是要不断地淘汰那些跟不上时代的不适用的机器、陈腐的思想以及不适应时代发展的制度和方法。

　　不久以前，英国政府出售31艘近代的战舰，售价只有1500万英镑，还抵不上造价的5％。这些战舰，年代虽然不算长，但造船业的飞速发展，相形之下，它们已经落伍了。

　　今日还算是最新的机器，但在5年之后，恐怕就要被前进的厂主送进回收站去了！

要么进取，要么出局，对于一家企业如此，对于一台机器如此，对于一个人更是如此。

在现实生活中，无论你在什么行业，无论你有什么样的技能，你都应该争取在这一领域处于领先的位置。永葆进取心，追求卓越，永远是人类进步的北极星。它不仅造就了成大事者的企业和杰出的人士，而且促使每一个努力完善自己的人，在未来不断地创造奇迹。

美国有位著名的企业家，是几家著名大公司的董事长，他的事业发展速度之快，令人瞠目结舌。35岁时他就已经在竞争激烈的商界赢得了极高的地位；到了40岁，他对一切已感到厌倦；在他45岁时便宣称自己已经完成了一切，他的全盛时代也随即结束了。

天下真不知有多少人一无所有，原因是他们太容易满足。要求自己上进的第一步，就是绝对不可停留在现有的地位。不满足于现状可以帮助你不断获取新的成功。

生活的目标是没有界限的，唯一的界限是继续前进还是裹足不前，甚至放弃，关键是能否坚持"向上爬"这一信念。

凡在事业上取得成功的人，都是抱着"努力进取"的信念奋力前进的人。

他们达到一个目标后，接着又设定下一个新目标，再度接受挑战，完成这个目标。过去的梦想实现后，又抱着新的梦想，向更大、更能专心投入的目标努力迈进。

他们对生活、工作和获得成功永远能感受到相同的喜悦，始终保持旺盛的斗志，精力充沛、日新月异地昂首向前，不论在任何时刻都不会丧失热情和创造力。

对他们来说，"目标都已达到"这种情况是不存在的，换句话说，他们无时无刻不在为自己新的目标不懈奋斗。

要么出局，要么进取，惠普公司的CEO卡莉·菲奥里娜就深知其中的道理。在她上任之时，惠普公司正面临着很大的困境，已经到了被市场淘汰的边缘。卡莉深知，惠普要摆脱现状，就要完全改变这个公司，只有改变才能让惠普摆脱危机，继续生存和壮大。

由于惠普公司的老传统根深蒂固地存在于惠普员工的心中，变革就意味着要剔除掉员工脑子里原来一些停滞的不再发挥效力的思想，注入新的思想和新的理念，这并不容易。因为习俗的势力太大，容易阻碍变革，舒适的事物使人感到舒服难舍，而且变革势必会影响到一些人的利益。卡莉力排众议，在惠普公司进行了大刀阔斧的变革，购并康柏公司之后，这种变革的步伐更大了。2002年，惠普公司一跃成为IT业的老二。卡莉的进取精神，终于使惠普摆脱困境，度过了被淘汰的危机，取得了卓越的成就。

后来，卡莉说："我认为董事会之所以挑选我担任惠普的CEO，就是因为惠普作为一家高科技企业已经到了需要改变的时候了。当时的惠普已经在许多重要的方面都落后于其他科技企业了，在出局和进取之间，我们只能选择进取，我们成功了！"

只有那些能够不断学习，适应企业需要的员工才能够在企业里长久地生存。和自己较劲的员工，就拥有了不懈的动力，凭借这样的动力，才能够不断提升自己，全力以赴将工作做到最好，也为改变自己的命运提供了更多的机会。

美国职业专家指出，现在职业半衰期越来越短，所有高薪者若不学习，无需3年就会变成低薪。就业竞争加剧是知识折旧的重要原因，据统计，25周岁以下的从业人员，职业更新周期是人均一年零五个月。当10个人只有1个人拥有IT行业初级证书时，他的优势是明显的，而当10个人中已有9个人拥有同一种证书时，那么原有的优势便不复存在。所以，未来的社会只有两种人：一种是不满足于现状、努力进取的人，这种人将是时代的宠儿；另一种则是安于现状的人，终将被时代所抛弃。

所以，你的选择也只有两种——要么进取，要么出局。不管你有什么样的技能，也不管你目前的薪水多丰厚，职位多高，你仍然应该要告诉自己："要做进取者，我的位置应该在更高处。"

03 勇于向高难度
的工作挑战

当今社会，要想取得成功，就必须突破固有的规则，展现全新的自我。

能够成就大事业的，永远是那些信任自己见解的人；是敢于想人所不敢想，为人所不敢为，不怕孤立的人；是勇敢而有创造力的，往前人所未曾往的人；是那些勇于向规则挑战的人。

在1888年的大选中，美国银行家莫尔当选副总统，在他执政期间，声誉卓著。当时，《纽约时报》有一位记者偶然得知这位总统曾经是一名小布匹商人，感到十分奇怪：从一个小布匹商人到副总统，为什么会发展得这么快？带着这些疑问，他访问了莫尔。

莫尔说："我做布匹生意时也很成功。可是，有一天我读了一本书，书中有句话深深打动了我。这句话是这样写的：'我们在人生的道路上，如果敢于向高难度的工作挑战，便能够突破自己的人生局面。'这句话使我怦然心动，让我不由自主地想起前不久有位朋友邀请我共同接手一家濒临破产的银行的事情。因为金融业秩序混乱，自己又是一个外行人，再加上家人的极力反对，我当时便断然拒绝了朋友的邀请。但是，在读到这一句话后，我的心里有种燃烧的感觉，犹豫了一下，便决定给朋友打一个电话，就这样，我踏入了金融业。经过一番学习和了解，我和朋友一起从艰难中开始，渐渐干得有声有色，度过了经济萧条时期，让银行走上了坦途，并不断壮大。之后，我又向政坛挑战，成为一名副总统，到达了人生辉煌的顶峰。"

铲除一切阻碍、束缚我们的东西，走进一个自由而和谐的环境中，这是事业成功的第一个准备。但假如我们能铲除一切障碍和束缚我们的东西，我们则可能成就伟大的事业。

1857年，摩根从德国哥廷根大学毕业，进入邓肯商行工作。一天，他从古巴采购海鲜归来，途经新奥尔良码头，碰到一位陌生人问他："先生，想买咖啡吗？我可以半价。"

"半价？什么咖啡？"摩根疑惑地盯着陌生人问道。

陌生人说："我是一艘巴西货船的船长，为一位美国商人运来一船咖啡，货到后，那位商人却破产了。假如您能买下这批货，等于帮了我一个大忙，我情愿半价出售。但是，必须现金交易。"

摩根看了咖啡后，心想：成色也不错，价钱又如此便宜。但是自己身无分文，这该怎么办？

经过一番考虑之后，他决定冒险以邓肯商行的名义买下这船咖啡。但是，电报发回去之后，邓肯商行回电："不准擅用公司名义！立即撤销交易。"这该如何是好？

尽管难度很大，摩根决定继续努力尝试。又经过了一番思考后，他决定向自己的父亲和一帮朋友请求帮助。

结果，他的父亲吉诺斯回电同意用自己伦敦公司的户头偿还挪用邓肯商行的欠款。摩根至此十分兴奋，索性大干一番，在巴西船长的引荐下，他又买下了其他船上的咖啡。

初出茅庐的摩根果断地做下如此一桩大买卖，尽管有一些冒险，却显示了他干事业的魄力。

就在他买下这批咖啡不久，巴西便出现了严寒天气，咖啡大面积减产，咖啡价格大涨。他因此大赚了一笔。

因为咖啡交易，摩根被自己的朋友和父亲刮目相看，大家支持他办起了摩根商行，供他施展自己的才华。这为他以后叱咤华尔街奠定了良好的基础。

勇于冒险求胜，你就能比你想象的做得更多更好。在勇冒风险的过程中，你就能使自己的平淡生活变成激动人心的探险经历，这种经历会不断地向你提出挑战，不断地奖赏你，也会不断地使你恢复活力。

我们应该时刻牢记廉·丹佛的名言："向自己挑战！向自己挑战！"

04 梦想是
现实之母

梦想是成功的前提。一个没有梦想的人，往往没有找到自己的发展方向，因而很难更有效地前进，难以获得更大的进步。世界上的富翁和伟人的富有和成功都是强烈追求自己梦想的结果。

一次，有人向一个非常成功的商业人士提出了这个问题："你一生中怎么做了那么多的事情？"

他回答说："我一直有梦想。我放松身心，去想象我要做的事情。我上床睡觉的时候也想着我的梦想。到了晚上，我梦到了我的梦想。早上起床的时候，我看到了让美梦成真的方法。其他的人在说：'你别做梦了，那是不可能的。'但是我还是一直坚持，努力获得我想要的成功。"

正如美国第二十八任总统伍德罗·威尔逊所说"梦想成就伟大。所有的大人物都是梦想家。"

他们可以在漫长的冬夜想象出温暖和朦胧的春天，也可以想象出熊熊燃烧的炉火。有些人会让这些伟大的梦想慢慢消逝，但是有些人却滋养、保护这些梦想，他们在时运不济的时候细心呵护梦想，等待时来运转，阳光普照。好日子总是眷顾那些相信"美梦终究会成真"的人。

聪明的人不会按照别人的发展模式或成功标准来制订自己的人生计划，他们会通过思考，去寻找适合自己的梦想，并采取适合自己的方式去实现它。

我们的梦想并非建造空中楼阁。然而，每一座现实的城堡，每一个温馨的家，每一幢建筑物，在一开始都是空中楼阁。合理的梦想是具有创造性的，它能使我们的愿望成为现实，使得我们的渴望、我们的希望成为现实。正像设计某一建筑，我们要想完成某一伟业，在它成为现实之前，也必须在头脑中把它所需要的条件全部创造出来。一幢建筑物如果没有具体的建筑规划，是根本不可能建成的。在砖瓦运来之前，建筑师必须在头脑中描绘详尽的蓝图，必须先在构想中把它创造出来。生活中出现的任何事物，我们总是先在精神中把它创造出来。

树立适合自己的梦想是重要的，但是有了梦想只是有了成功的基础，只是迈出了通向成功的第一步，并不一定能够获得真正的成功。更重要的是追求梦想的过程，你必须把梦想转化为实际行动，向梦想宣战。

每一个成就伟大事业的人，都是一个梦想家。而他们所完成的工作，又是与他们的想象力、能力、毅力，与他们对理想的执著程度和他们所付出的努力密切相关的。

不要让日常生活淹没了理想或使理想失去了亮色。梦想还没有化为现实时，不要因为希望渺茫而放弃了理想。要为了理想不屈不挠，要让理想保持永恒的活力，要保持一种良好的精神状态；要读一些激发人奋进的书籍；要和那些成就了一番事业的人保持密切联系，尽量从他们身上学习成功的经验。

在人的头脑中，尽可能使理想具体化、形象化，遵循思想与现实相符合的原则来塑造事物，这样，你的理想就能变成现实。

在晚上休息之前，留一点时间给自己思考。静静地坐下来，任凭思想的野马驰骋。不要为你的想象力担心，不要为你的幻想而担心，因为"没有想象力，人类就会灭绝"。想象力是以现实为基础的。造物主赐给你这份神圣的礼物，是为了让你感觉到那些为你而准备的伟大事业；是为了把你从各种烦琐、各种严酷的环境中解脱出来，进入一种理想的境界；是为了把你从平凡中提升出来，而进入不平凡的生活；是为了向你说明这些理想能够在你的生活中成为现实。这些来自天堂的曙光，是为了使我们不至因为失败和挫折而丧失勇气。

梦想在于追求，而追求是一个艰难的过程，需要长期不懈的努力。在追求的过程中，对在前进道路上可能遇到的危机和问题要有足够的思想准备，要有坚定的信念，更要保持积极的态度。这样，当你实现了一个梦想之后，你就会习惯性地向更高的目标迈进。

我们的精神状态、心灵的渴望，就是我们做出的祷告，大自然会给予我们相应的回报。人们很少意识到，他们的愿望就是他们所做出的祷告——不是嘴上的，而是心灵的祷告，我们所求的都会被给予。

我们要意识到，在每个人的一生中，都有一个神圣的信使来保护和指引我们，她能回答我们的所有疑问。没有谁会渴望那些他没有能力实现的东西，而让命运捉弄。一个人如果抱有正确的人生态度，努力拼搏，执著追求，他就会达到目的或者说最终接近梦想。集中精力，目标专一，就会产生一种神奇的创造力，从而创造出我们所渴望的事物。

"我们所渴望的，是一个伟大壮丽的时刻。"心灵的渴望，会激发创造力。它使我们的才智得到增强，能力得到提高，从而使我们的梦想成为现实。我们的思想就像水的源头，从各个方向流向广阔的海洋。大自然是个讲求信誉的商人，如果我们为希望得到的东西付出了代价，就会把我们所需要的东西交给我们。这些思想之源产生了强大的动力，使我们的愿望和志向汇合了起来。

如果没有现实生活作基础，造物主就不会赋予我们心灵的渴望，去渴望最大限度地自我实现，去渴望不朽的生活。同样的，如果现实中没有南方，鸟儿就不会在冬天飞往南方。在植物世界，花、果实的生长都符合它们的自然本性，它们在特定的时间开花、结果和成熟。在有机会开放之前冬天就已来到，这并不让花蕾感到奇怪；在大雪降落之前，果实就已从树上落下；植物的生长并没有因此而发育不全。

相反的，如果我们发现，在生命结束之前，千百万人中只有不到一半变得完美，或者说，千百万人中只有很少的人实现了自己的目标，那么，我们会认为生活欺骗了我们。同样，如果我们发现，冬天到来的时候，所有的果实还是青色的，含苞待放的花蕾不再生长，而是被冻死，我们会意识到这是不正常的。

如果我们看到一棵有生命力的树被风吹折了树枝，我们会觉得这是不正常的。同样，如果一个人继承了神灵的品格和无限的能力，在还没有完成目标之前，就倒下了，这也是极不正常的事。

如果同样一棵高大的橡树，当它开始发芽、沉浸在结出橡子的梦想之中时，就被无情地拔掉，我们会表示抗议；一棵苹果树在还没有来得及成熟、实现它的生命价值之前，它的生命被扼杀，我们也会表示抗议。

然而，即使是那些才能非凡、受过良好教育、有过很好机遇的人，即使是一个民族的优秀人物，在有过最完美的人生之后，当他们站在死亡的边缘时，他们仍然觉得，自己只不过是刚开始发芽的、沉浸在渴望结果的梦想之中的、还有着无限潜力的橡树。

人的一生总有机会枝繁叶茂、繁花似锦、硕果累累，去获得一种自由的自我实现。如果我们充分利用自己的想象力，抓住时间和机遇让我们的思想开花，努力实施自己的抱负，我们的理想就会实现，正像花蕾会找到机会，在适宜的时间、适宜的地点开放，散发出芳香，展示花容，而不至于被扼杀或发育不良一样。

要相信一切美好的事情都会在你身上发生。你相信你的将来会充满美好与幸福；你相信你会拥有一个和谐的家庭、一幢漂亮的房子，这些美好的愿望都来自你乐观的态度，而这种乐观的态度将是你生活中最好的一种资本。

由此，在每一个平凡的人身上，都存在着使他成为理想的、完美的人的因素。只要你在头脑中始终保持着一个完美的形象，保持着一个美好的梦想，它就会成为一种能起支配作用的生活态度，很快就会融入你的生活，使你成为一个完美的人。

梦想的大小取决于开始制定目标时所处的地位。对于一个百万富翁来说，再赚十万美元，也许根本不算是大事，也不是一个大目标，更谈不上是一个梦想。但是，对一位微不足道、以卖茶蛋为生的售货摊贩来说，那就是个了不起的愿望了。

也许我们的理想看起来很不切实际，但不管实现它的可能性有多么小，不管它离现实有多么远，也不管它的前景是多么的暗淡，只要我们能够尽可能地去想象它，使它形象化，并做出不懈而又顽强的奋斗去争取它，这些理想将渐渐地在现实生活中树立起来，并最终成为现实。如果我们只是空谈理想而不做出任何努力，或者对我们的理想漠不关心，那么它将永远不可能成为现实。

其实，人生是一个旅程，而非目的地。旅程的快乐和到达目的地的快乐一样，其中的关键是，透过实现的伟大的目标，按照希望和理想的方向努力前进。所以，梦想指的是伟大和令人鼓舞的目标。

梦想应当有多大？正像米开朗琪罗祷告中所说的那样："上帝允许我的成就永远比原来希望的更大。"

伟大的梦想通常能促使我们发挥自身最佳能力，激励我们努力工作，瞄准目标，全力以赴。

罗马纳·巴纽埃洛斯是一位年轻的墨西哥姑娘，十六岁就结婚了。在两年当中她生了两个儿子，丈夫不久后却离家出走，罗马纳只好独自支撑家庭。但是，她决心谋求一种令她自己及两个儿子感到体面和自豪的生活。

她带着一块普通披巾包起全部财产，跨过里奥兰德河，在得克萨斯州的埃尔帕索安顿下来，并在一家洗衣店工作，一天仅赚一美元，但她从没忘记自己的梦想，就是要在贫困的阴影中创建一种受人尊敬的生活。于是，口袋里只有七美元的她，带着两个儿子乘公共汽车来到洛杉矶希望能寻求更好的发展。

她开始做洗碗的工作，后来找到什么活就做什么。拼命攒钱直到存了四百美元后，便和她的姨母共同买下一家拥有一台烙饼机及一台烙小玉米饼机的店。

她与姨母共同经营的玉米饼店非常成功，后来还开了几家分店。直到最后，姨母感觉工作太辛苦了，这位年轻妇女便买下了姨母的股份。

不久，她经营的小玉米饼店铺就成为全国最大的墨西哥食品批发商，拥有员工300多人。

她和两个儿子经济上有了保障之后，这位勇敢的年轻妇女便将精力转移到提高她美籍墨西哥同胞的地位上。

"我们需要自己的银行"，她想。后来她又和许多朋友在东洛杉矶创建了"泛美国民银行"。这家银行主要是为美籍墨西哥人所居住的社区服务。

抱有消极思想的专家们告诉她："不要做这种事。"

他们说："美籍墨西哥人不能创办自己的银行，你们没有资格创办一家银行，也永远不会成功。"

"我行，而且一定要成功。"她平静地回答说。结果她真的梦想成真了。

她与伙伴们在一个小拖车里创办起他们的银行。可是，到社区销售股票时却遇到另外一个麻烦，因为人们都对他们没有信心，于是在她向人们兜售股票时遭到拒绝。

他们问道："你怎么可能办得起银行呢？""我们已经努力了十几年，总是失败，你知道吗？墨西哥人不是银行家呀！"

但是，她始终不放弃自己的梦想，努力不懈，如今，这家银行取得伟大成功的故事在东洛杉矶已经传为佳话。后来，她的签名出现在无数的美国货币上，她由此成为美国第三十四任财政部长。

你能想象得到这一切吗？一名默默无闻的墨西哥移民，却胸怀大志，后来竟成为世界上最大经济实体的财政部长。

威斯康星州密尔沃基的一名教师古尔达·梅厄的梦想原来只是成为所建立国家的一员，在那里，她可以尊奉自己的信仰，能够自由和尊严地做礼拜。她不但实现了她的目标，而且后来出任以色列总理，成为她那一代中的伟大政治家。

两位女性的经历足以说明梦想越大越好，即使它是梦境般的空想也没关系，因为空想是达成愿望前的一个出发点。但是空想本身如果不去实行，就永远只是空想，无法成为引导你成功的原动力。因此，还是需要有目标，目标越具体越好，同时越明确越好。所以为了使它更明确，必须要具体。

就业时"只是想进入银行机关"，这种茫然的目标不如改为"我很想到某家银行就职"，这种愿望比较有效。要是能说"很想担任某种职位，怎样工作下去"来增加印象就更好。

如果你想当医生、科学家，其路程虽然还很遥远，但若能果断地说："我一定要当医生给人们看看"或"我一定要当科学家让你看看"，有这样坚定的态度，就算原先很容易消失的事也能变成具体可燃烧的一种欲望涌现出来。

查斯特·菲尔德爵士曾讲过这样一个故事：有位极具激发力的演说家给百万俱乐部的保险推销员作演说。他对他们说："没有任何事能阻止你在一年内卖掉价值500万元的保险，并且，你今年就能做到。"

那是在6月，不少优秀的推销员告诉他，或许可能在一年中推销出500万元的寿险，但那恐怕不会是今年，因为今年已过去一半了。演说家坚持说道："如果你计划在今年10月31日前卖掉500万元的寿险，你就会做到。"大约在12月20日左右，他接到那家保险公司总裁的电话，告诉他上次参加听讲的人员中，有8名在那年卖出价值500万元的保险。因为他们制订了目标及实现目标的计划。

这种成就并不是做梦就能取得的。定下目标只是第一步，第二步也同样重要，就是计划如何达成目标。为自己制定目标及执行计划，是唯一能超越别人的可行途径。

人一定要有崇高的目标，并为实现目标谨慎建设，尽力执行。

炎热的夏天，一群人在铁路的路基上工作，这时，一列缓缓开来的火车打断了他们的工作。火车停了下来，最后一节特制车厢的窗户被人打开了，一个低沉的、友好的声音响了起来："大卫，是你吗？"大卫·安德森——这群人的负责人回答说："是我，吉姆，见到你真高兴。"于是，大卫·安德森和吉姆·墨菲——铁路总裁——进行了愉快的交谈。在长达一个多小时的愉快交谈之后，两人热情地握手道别。

大卫·安德森的下属立刻包围了他，他们对于他是铁路总裁墨菲的朋友感到非常惊讶。大卫解释说，二十多年以前他和吉姆·墨菲是在同一天开始为这条铁路工作的。

其中一个人半认真半开玩笑地问大卫，为什么你现在仍在烈日下工作，而吉姆·墨菲却成了总裁。大卫苦闷地说："23年前我为1小时1.75美元的薪水而工作，而吉姆·墨菲却是为这条铁路而工作。"

事实告诉我们，如果你为赚钱而努力，那么你可能会赚很多钱；但是，如果你想干一番事业，那么你就有可能不仅赚很多钱，而且会干一番大事。如果你只为薪水而工作，你只能得到一笔很少的收入；但是，如果你是为了你所在公司的前途而工作，那么你不仅能够得到可观的收入，而且你还能得到自我满足和自我价值的实现。你对公司的贡献越大，你个人所得到的回报就会越多。总之，你必须要有崇高的目标，然后为这些目标付诸行动，才能获得你想要的成功。

只有将理想付诸行动才是有效的，我们的理想才能变为现实。伴随着强烈的决心，理想使我们更富创造力。理想与奋斗相结合，我们美丽的理想才能开花结果。

05 失败是
人格的试验田

失败是正常的，颓废是可耻的，重复失败则是灾难性的。世人何尝知道：在那些通过科学研究工作者头脑里的思想和理论当中，有多少经过他自己严格地批判、非难地考察，最后被无情地扼杀了。就是最有成就的科学家，他们得以实现的建议、希望、愿望以及初步的结论，也达不到十分之一。

爱默生说："伟大、高贵人物的最明显的标志，就是他的坚忍的意志；不管环境变换到何种地步，他的初衷与希望，仍不会有丝毫地改变，而终至克服阻碍，以达到企望的目的。"

跌倒了以后，立刻站立起来，在失败中去争取胜利，这是自古以来伟大人物的成功秘诀。

有人问一个小孩子，他怎样学习溜冰的。这个小孩非常果断地回答："学习溜冰的方法就是在每次跌跤后，立刻就爬起来！"每个人的成功，或军队胜利的，实际上也是由于这种精神。跌倒算不得失败，跌倒后而站立不起来，才是失败。

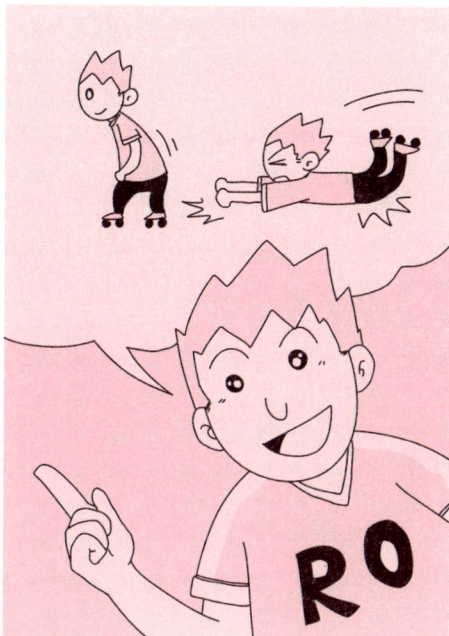

　　过去的生命对于你，可能是一部创巨痛深的伤心史！在审视着过去的一切时，你会觉得你自己处处失败，碌碌无为！你热烈地期待着能成就的事业，竟难以成就；你所亲爱的亲戚朋友，甚至会离弃你！你曾失掉职位，甚至会因不能维持家庭的原因，而失掉你的家庭吧！你的前途，似乎是十分惨暗！然而虽有上面的种种不幸，只要你是永远不甘屈服的，那么胜利还是等在远处，在向你招手。

　　失败正如冒险和胜利一般，是生命中必然具备的一部分。伟大的成功通常都是在无数次的痛苦失败之后才得到的。大剧作家兼哲学家萧伯纳曾经写道："成功是经过许多次的大错之后才得到的。"

　　你也许会说，你失败的次数已经过多，所以再试也不会有什么结果的；你跌倒的次数已经过多，再站立起来也是无用吧？错！对于意志永不屈服的人，没有所谓的失败！不管失败的次数怎样多，时间怎样晚，胜利仍然是可能实现的。狄更斯小说中所描写的守财奴司克拉在他的暮年，忽然能从一个残忍、冷酷、爱财如命、整个的灵魂囚在黄金堆中的人，变成一个宽宏大量、诚

189

恳爱人的人，这并不是狄更斯脑海中凭空虚构的，世界上真的有这种事实。人的内心深处隐藏着的本性，可以由恶劣转变为善良；人的事业，又何曾不可由失败转变为成功？有许多男女，努力把自己从过去的失败中救赎出来，不顾以前的失败，奋勇向前冲锋，最终到达了胜利的彼岸。

享受工作乐趣，便是展望未来的成功，遗忘过去的失败。把错误和失败当作是学习的方法，然后就将它们逐出脑外。讨厌自己职务的人，回想过去的失败，忘却往日所有的成就，以致摧毁自信心。他们不但记住失败的情景，还情绪化地将其深植于心中。从未成功的人总是为每一次失败自责不已。另一方面，虽会遭遇挫败但仍喜爱工作的人却能了解过去犯了多少错并不重要，重要的是能不能从每一次失败中汲取教训，以便在下一次能有较好的表现。

"什么是失败？"腓力说，"不是别的，失败只是走上较高地位的第一阶段。"许多人之所以成功，就是受赐于先前的种种失败。假使没有遭遇过失败，他恐怕反而不能得到最终的胜利。对于有骨气，有作为的人，失败反而会增加他的决心与勇气。

对于那些自信其力而不介意于暂时失败的人，没有所谓的失败！对于怀着百折不挠的意志，坚定的目标的人没有所谓的失败！对于别人放手而他仍然坚持，别人后退而他仍然前冲的人，没有所谓的失败！对于每次跌倒，立刻站起来；每次坠地，反而会像皮球一样的跳得更高的人，没有所谓的失败。

那么如何才能从失败走向成功呢？

1.寻找失败的原因。

每一个奋发向上的人在成功之前都曾经历无数次的失败。除非他什么也不做，就不会出现失败，当然更不会有任何成功。必须认识到，只要想做事情就可能会有失败，而且可能会不断地遭受失败。

如果对于"失败"这一结果产生过重的思想负担，即使你能够忘掉它，心灵深处也会留下害怕失败的阴影，也会让你变得越来越消极。因此，必须想办法尽快走出失败的阴影。

首先，必须冷静地找出失败的原因。失败的原因中除了自己能力不足之外，还有各种外部的因素。有很多事情是无论谁来做都会遭到同样的失败，只要具体地分析失败的原因，就会知道哪些地方是自己的原因，哪些地方不属于自己的责任。今后再遇到这种情况，就会清楚地知道怎样做才能不失败。

失败是知识和进步的源泉，在科学领域中很多的重大发明都是在多次失败中诞生的。

即使失败了，只要在失败中学习，总结教训，找出下一次遇到同样情况时的对策，即使又失败了，对心理的影响也会完全不同。你将不会害怕失败，还能够培养起百折不挠的意志，以积极的态度去迎接每一次挑战。也就是说，我们可以把失败作为通向胜利的起点。

2.保持乐观向上的态度。

"简直像笑话一样，实际上当时我真不知所措"、"哎呀，这种可笑的事情竟让我碰上了"。像这样以开朗的心情把自己的失败告诉他人的人，一定是一个充满活力的人。他们简直是把失败当作一团雾气一样，阳光一照，转眼间就云消雾散了。

当一个人态度消极，把自己定义为一个失败者并不再反思和改变的时候，他就不可能获得成功。一个人要想获得真正的成功，就必须树立起正确的态度，理智地看待失败，并为接受未来可能的失败做好心理准备和力量储备。

既然失败的经历具有如此不容忽视的消极作用，就有必要使用更大的力量将它驱散，这个巨大的力量就是"笑"。具体地说，就是把自己失败的经历当作一种笑话来对待。

设身处地地想想就会明白，追忆、回味自己的失败经历是令人难受的，尤其是要将这种经历作为笑话让人开心，这更是很难做到的。

这样做一次之后，你就会发现，失败本身对你的打击已自然地消失了。

如果能达到这种程度，即使你不对他人诉说，也能收到某种程度的效果。然后你就会觉得你的失败很有意思，所以会主动向人提起，通过对他人的诉说，你就向积极型的人又迈进了一步。

在广播或其他领域，甚至有人想方设法把自己的失败当作笑料。的确，如果处理得当，把失败的经历作为大家的"笑料"，反而可能使你变得积极起来。

3.寻找具体原因。

一个作家根据自己的经验，有时明明知道要写的书名、内容及交稿日期，却迟迟无法下笔。换句话说，就是总觉得有一种"莫名的不安"困扰着自己，使他无法开始工作。

这时候，可以用以下的方法来进行自我诊断，将为什么迟迟不能投入工作的原因一一写出来。例如，是否身体不适？是不是因为忘了什么重要的约定？是不是因为想离开书房，关在某个饭店中去从事创作等。

如果这些方面都没有问题，由于迫于交稿日期也会勉强投入写作，但很快你又会发现，手头资料不齐全会成为你写作的主要障碍。这时，你还应加入"资料是否齐全"这一诊断项目。假如的确是因为资料不齐全，那么，你的心理上就会有很大反应。搞清楚了是因为资料不全而影响写作，你首先应全力以赴地去寻找资料。

在文学界，似乎没有这么多"莫名的不安"，只要全神贯注地考虑，便会发现不安的具体原因之所在。这里，不仅仅只是想到，而是要一一写在纸上，列出条目。这样，你才能冷静地发现问题。

很多情况下，有些不成其为原因的芝麻粒儿大的小事也会影响你顺利地进行工作。只要搞清楚了原因，知道该怎样进行工作，不安心理自然也就会消失，这时你就能安心地从事具体的工作了。

失败并不可怕，关键在于失败后怎么做。正确的态度能让人从失败走向成功，错误的态度能让人从失败走向毁灭。

06 挫折具有
激动人心的力量

斯巴昆说："有许多人一生之伟大，来自他们所经历的大困难。"精良的斧头，锋利的斧刃是从炉火的锻炼与磨削中得来的。很多人，具备"大有作为"之才资，由于一生中没有同"逆境"搏斗的机会，没有充分的"困难"磨炼，没有刺激其内在的潜伏能力的发动，而终生默默无闻。

每个人的人生之路都不会一帆风顺，遭受挫折和不幸在所难免。成功者和失败者最重要的一个区别就是对挫折与失败的看法：失败者总是把挫折当成失败，从而使每次挫折都足以深深打击他胜利的勇气；成功者则是从不言败，在一次又一次的挫折面前，总是对自己说："我不是失败了，而是还没有成功。"一个暂时失利的人，如果鼓起勇气继续努力，打算赢回来，那么他今天的失利，就不是真正的失败。相反的，如果他失去了再战斗的勇气，那才是真输了！

美国著名电台广播员莎莉·拉菲尔在她30多年职业生涯中，曾被辞退18次，可是她每次都调整心态，确立更远大的目标。最初由于美国大部分的无线电台认为女性不能打动观众，没有一家电台愿意雇佣她。她好不容易在纽约的一家电台谋求到一份差事，不久又遭到辞退，说她思想陈旧。莎莉并没有因此而灰心丧气、精神委靡。她总结了失败的教训之后，又向国家广播公司电台推销她的节目构想。电台勉强答应录用，但提出要她在政治台主持节目。"我对政治了解不深，恐怕很难成功。"她也曾一度犹豫，但坚定的信心促使她大胆地尝试了。她对广播已经轻车熟路，于是她利用自己的长处和平易近人的作风，抓住7月4日国庆节的机会，大谈自己对此的感受及对她自己有何种意义，还邀请观众打电话来畅谈他们的感受。听众立刻对这个节目产生了兴趣，她也因此而一举成名。后来莎莉·拉菲尔成为自办电视节目的主持人，还曾两度获得重要的主持人奖项。她说："我被人辞退过18次，本来可能被这些厄运吓退，做不成我想做的事情，结果相反，我让它们把我变得越来越坚强，鞭策我勇往直前。"

如果一个人把眼光仅仅拘泥于挫折给他所造成的痛感之上，就很难再有心思想自己下一步该如何努力，最后如何成功。一个拳击运动员说："当你的左眼被打伤时，右眼就得睁得更大，这样才能够看清敌人，也才能够有机会还手。如果右眼也同时闭上，那么不但右眼也要挨拳，恐怕命都难保！"拳击就是这样，即使面对对手无比强劲的攻击，你还是得睁大眼睛面对受伤的感觉，如果不是这样的话一定会输得更惨。其实人生又何尝不是如此呢？

大哲学家尼采说过："受苦的人，没有悲观的权利。"已经在承受巨大的痛苦了，就必须要想开些，悲伤和哭泣只能加重伤痛，所以不但不能悲观，而且要比别人更积极。红军二万五千里长征过雪山的时候，凡是在途中说"我撑不下去了，让我躺下来喘口气"的人，很快就会死亡，因为当他不再走、不再动时，体温就会迅速降低，跟着很快就会被冻死。在人生的战场上，如果失去了跌倒以后再爬起来、在困难面前咬紧牙关的勇气，就只能遭受彻底的失败。

著名的文学家海明威的代表作《老人与海》中有这么一句话："英雄可以被毁灭，但是不能被击败。"英雄的肉体可以被毁灭，可是英雄的精神和斗志则永远在战斗。跌倒了，爬起来，你就不会失败，只是现在还没有成功。

贫穷、痛苦不是永久不可超越的障碍，反而是心灵的刺激品，可以锻炼我们的身心，使得身心更坚毅、更强固。钻石越硬，它的光彩越耀眼，要将其光彩显出来时所需的摩擦也越多。只有摩擦，才能使钻石显示出它全部的美丽。火石不经摩擦，火花不会发出；人不遇刺激，生命火焰不会燃烧！

07 不要
怕冒险

冒险的荆棘之路，世界上大多数人都不敢走。他们拥挤在平平安安的大路上，四平八稳地走着，这路虽然平坦安宁，但距离人生风景却迂回遥远，他们很难领略得到奇异的风情和壮美的景致；他们拥挤在人群里争食，闹得薄情寡义也仅仅是为了填饱肚子、穿上裤子、养活孩子。而这，岂不也是一种风险？这是一种难以逃避的风险，是自我沉沦的风险，是一种越来越无力改善的风险。

一年春天，有人问一个瘦弱的农夫："你是不是种了麦子？"农夫回答："没有，我担心天不下雨。"那个人又问："那你种棉花了吗？"农夫说："没有，我担心虫子吃了棉花。"于是那个人又问："那你种了什么？"农夫说："什么也没种。我不去冒险，我要确保安全。"

不愿意冒风险的人，不敢笑，因为要冒显得愚蠢的风险；他们不敢哭，因为要冒显得多愁善感的风险；他们不敢向他人伸出援助之手，因为要冒被牵连的风险；他们不敢暴露感情，因为要冒露出真实面目的风险；他们不敢爱，因为要冒不被爱的风险；他们不敢希望，因为要冒失望的风险；他们不敢尝试，因为要冒失败的风险……

一个不冒任何风险的人，只有什么也不做，就像那个农夫一样，春天不敢播种，到了秋天，只能眼睁睁地看着别人收获，自己却两手空空。他们回避挫折和风险，最终他们只能错过了很多。大笑后会心情舒畅，痛哭后往往雨过天晴，帮助人后心灵会变得高尚，暴露感情后心底坦荡，爱过后才知道什么是喜怒哀乐，希望后才能体会到梦想成真的快乐，尝试后才明白原来生活如此丰富多彩。他们被自己的消极心态所捆绑，就如同丧失了自由的奴隶。

"不入虎穴，焉得虎子"揭示了一个千古不变的道理：成功常常属于那些敢于抓住时机、大胆冒险、不放弃有利机会的人。一个有雄心的人如果下定决心做成某件事，那么他就会凭借胆识的驱动和潜意识的力量，跨越前进路上的重重障碍，成功也就有了切实可靠的保证。

我们必须学会冒险，因为生活中最大的危险就是不冒任何风险。鸵鸟在遇到危险的时候常有掩耳盗铃之举，把自己的头埋在沙土中以获得心灵上的解脱。我们成年之后，虽然知道好多事情不能逃避，必须要坚强面对，要冒风险，但还是在心底存留着那种逃避和找寻安慰的想法。其实，困惑和风险也是欺软怕硬的，你强它就弱，你弱它就强。我们要时刻记得，最困苦的时候，没有时间去流泪；最危险的时候，没有时间去犹豫。优柔寡断就意味着失败和死亡。不要忘记，承受风险的良好心态与抵御能力都是在这种充满风险的生活中磨炼出来的。

面对危机，顾虑重重、怕这怕那、畏畏缩缩，是不可能成为一个优胜者的，对一个成大事的人来讲，生活本身就是一种光荣的冒险事业。因为只要你肯冒险，你的问题就已经解决了一半。只要你大胆迈出了一步，胜利就会提早到来。

第六章
幸福与快乐决定于态度

　　很多事情我们无法改变，但是怎样选择对待人生的态度，完全决定了我们的幸福指数。世上没有绝对幸福的人，只有不肯快乐的心。昨天已经过去，我们无法左右；明天还没到来，变化难以预测。我们唯一可以做到的就是把握今天，活在当下。幸福和快乐说到底都是自己的一种心理体验。

01 承认人生
一定是有残缺的

有这样一个故事：一个人对自己坎坷的命运实在不堪忍受，于是天天在家里祈求上帝改变自己的命运。上帝被他的诚心打动，于是对他承诺："如果你在世间找到一位对自己命运心满意足的人，你的厄运即可结束。"此人如获至宝，开始他寻找的历程。

这一天，他终于走到皇宫，询问万人之上的天子："万岁，您有至高无上的皇权，有享受不尽的荣华富贵，您对自己的命运满意吗？"天子叹道："我虽贵为国君，却日日寝食不安，时刻担心有人想夺走我的王位，忧虑国家能否长治久安，我能否长命百岁，还不如一个快乐的流浪汉！"这人又去找了一个在太阳下晒太阳的流浪汉，问道："流浪汉，你不必为国家大事操心，可以无忧无虑地晒太阳，连皇上都羡慕你，你对自己的命运满意吗？"流浪人听后哈哈大笑："你在开玩笑吧？我一天到晚食不果腹，怎么可能对自己的命运满意呢？"就这样，他走遍了世界的每个角落，访问了各行各业的人，被访问的人说到自己的命运竟无一不摇头叹息，口出怨言。这人终有所悟，不再抱怨有残缺的生活。

奇怪的是，从此他的命运竟一帆风顺起来。

人们对事物一味理想化的追求导致了内心的苛刻与紧张，所以，完美主义者常常不能心态平和，追求完美的同时也失去了很多美好的东西。事物总是遵循自身的规律发展，即便不够理想，它也不会单纯因为人的主观意志而改变。如果有谁试图使既定事物按照自己的主观意志改变而不顾客观条件，那他从一开始就注定是错的。

现实中，我们许多人都过得不够开心、不够惬意，因为他们对环境总存在着这样或那样的不满，他们没有看到自己幸福的一面。也许你会说："我并非不满，我只是指出还存在的问题而已。"其实，当你认定别人的过错时，你的潜意识已经让你感到不满了，你的内心已经不再平静了。

一桌凌乱的稿纸，车身上一道明显的划痕，一次你不太理想的成绩，比你理想中的身高矮一些、体重重一些，种种事情都令人烦恼，不管与你有多大联系。你甚至不能容忍他人的某些生活习惯。你的心思完全专注于外物了，你失去了自我存在的精神生活，你不知不觉地迷失了生活应该坚持的方向，苛刻掩盖了你宽厚仁爱的本性。

没有人会满足于本可能改善的不理想现状，所以，努力寻找一个更好的方法：用行动去改善事物，而不是空悲叹，一味表示不满；应该用包容的心去看待事物，而不是到处挑毛病，让不必要的烦恼来搅乱自己的心。同时应该认识到，我们可能采取另一种方式把每一件事都做得更好，但这并不是说已经做了的事情就毫无可取之处，我们一样可以享受既定事物成功的一面。有句广告词不是说"没有最好，只有更好"吗？所以，不要苛求完美，它根本不存在。

爱默生曾说："如果你不能当一条大道，那就当一条小路，如果你不能成为太阳，那就当一颗星星。决定成败的不是你尺寸的大小，而是做最好的你。"

一个人不论现在是富有还是贫穷，只要有积极的思想、正确的态度，就一定能获得自己所需要的东西。一个具有正确的生活态度的人，任何时候都不要认为自己一无所有，因为至少你拥有积极的思想，而积极的思想可以创造一切。每个人都应该正视自己现在所拥有的一切，要对生活怀着一颗感恩的心。只有这样，才有可能让自己过得更加幸福和快乐。

最好的活法是顺其自然。这里的自然不是随波逐流，不是随遇而安，更不是醉生梦死地跟着别人走，而是指一个人弄明白自己的人生方向后踏踏实实地顺着这条路走下去，心安理得地不羡慕别人的成功，更不会跑去盲目地跟着别人走。应该明白，鱼儿不会因为羡慕鸟儿就能飞上天空，小草不会因为羡慕大树就能发疯地长高，一个人更不能因为羡慕别人的成就就忘了去把自己该做的事做好。

每个人都有自己的长处和优势，也就是每个人都有自己的一座"山"。关键是找到属于自己的那座"山"，然后坚定地攀登上去。坚持登一座山的人一定能到达顶峰，坚持做一项事业的人一定能成功，坚持一种生活信念的人一定会幸福。建立好心态的意义就是帮助你找到最好的活法，然后顺其自然努力去奋斗。既不感叹命运也不抱怨时代，当不了大树就当小草，当不了太阳就当星星，当不了江河就当小溪……明白自己是什么也就明白了自己该走的路，明白了自己的能力有限也就明白了不可能事事完美，就可以心安理得地坚定地走在自己选定的人生路上，就会在生活中创造出无穷的乐趣，就会在前进中发现无尽的幸福与欢乐。如果你有过于要求完美的心理趋向，又认为情况应该比现在更好时，一定要把握住自己，放弃苛刻的眼光，心平气和地承认生活的残缺，这才是成熟者的心态。

每一天都是新的开始，每一天都有新的发现、新的收获，每天的生活都应丰富多彩，每天的生活都不相同。生活本来是美好的，但只有真正热爱它的人才能发现它的美好；幸福其实是简单的，但简单的幸福却必须来自于正确的态度。

02 快乐是
一种态度

　　快乐是一种态度，更是一种能力，并且是一种非常重要而难得的能力。一个人如果能够长期保持快乐，说明他的态度是正确而积极的，说明他能比较乐观地看待生活中的问题。通常，这种人更容易获得幸福，也更容易创造出积极的结果。

　　有一家跨国公司招聘一名策划总监，经过层层选拔，最后剩下了3个人，他们将进行最后的争夺。在进入最后一轮考核前，3名应聘者被分别安排到3个装有监控设备的房间内。房间干净整齐，温馨舒适，所有生活用品一应俱全，但是没有电话，也不能上网。考核方没有告诉他们具体要做什么，只是让他们安心地等待考核通知，到时会有专人将考题送来。

　　第1天，5个人都在兴奋中度过，享受着免费的接待。他们在各自的房间内看看电视，翻翻书报，听听音乐，按时吃着送来的三餐，时间很快就过去了。

　　第2天早餐过后，3人的表现开始有了不同。因为迟迟没有收到考题，其中的一个人变得焦躁不安，他不停地调换电视频道，把书翻来翻去，无心细看。

另一个人则愁眉苦脸，抱着书发呆，望着电视眼珠却不转。只有最后的那个人还若无其事地生活着，津津有味地吃着送来的三餐，观看自己喜爱的电视节目，非常投入地看着手里的书，踏踏实实地睡觉……享受着这里的一切。

随着时间的推移，3个人的差异越来越明显。

到了第5天，考核方将3个人同时请出了各自的房间，宣布考核结束。前两人露出了惊讶的表情，最后那个人的表现还是那么镇定。人事经理代表总经理宣布了考核结果：公司决定聘用那位态度乐观、能快乐生活的人，并对聘用原因进行了简单解释："快乐是一种能力，能够在不同情况下保持乐观态度的人，更容易对事情做出准确的判断，更具有承受能力和开拓精神，也更能处理好与团队成员间的关系，创造出良好的工作氛围。"

快乐也是一种良好的竞争优势，能够帮助你在事业上获得更多机会，在前进的道路上走得更加顺利。

无论对工作还是生活来说，能保持快乐的心态，就是一种资本。

快乐是一种生活的尺度，能反映我们生活的品质，丈量我们对生活的热爱程度。一位心理学家曾说："快乐是一种善待自己的能力，不管你目前的生活境况怎样，你都应该让自己保持快乐的心情。"很多人之所以不能获得快乐，是因为他们把注意力集中在了令人沮丧和痛苦的事情上。

快乐的心情有利于改善生活状态，提高生活品质。可能你对新的环境还不是很熟悉，可能你的人际关系并不是非常和谐，可能你目前的生活也不是那么令人满意……那么，你应该想办法让自己快乐起来，让快乐成为自己的一种优势、一种习惯。这样，你就能以乐观的态度去面对一切，就会变得热情友好、积极主动、豁达开朗起来。

快乐是幸福的基础，但快乐不同于兴奋。英国的一位作家说过："快乐是一种礼物，创造了绝大多数积极的生活。兴奋则来自于不计后果的狂欢，让人忘记了生活本身。"

对每个人来说，快乐是一种权利，也是一种义务。

每个人都有让自己快乐的理由，但我们总认为自己没有资格快乐，或者还没有达到应该快乐的程度。很多人常常怀着这样的心理"如果……的话，我就会非常快乐，但是……"其实，快乐是每个人最基本的权利和义务，不论你是富有还是贫穷，是成功还是失败。如果快乐要等到实现某个目标之后才能实现，那么你永远享受不到真正的快乐。因为不论你的目标是金钱、职位或是爱情，当你实现目前的目标之后，你马上会发现下一个目标，所以你根本不可能快乐，你的烦恼反而会增加。

快乐是等不来的，生活本身就是一系列问题，如果你想要快乐，你就快乐吧，不要"有条件"的快乐，而要把快乐当成自己的一种心理性格。正如积极的心态能够加快一个人成功的步伐，快乐的心理性格可以让你拥有一个无悔的人生，让你生命中的每一天都能够坦然微笑。

03 幸福是
   简单的

　　人生是美好而又短暂的，在这个奇妙的旅程中，仁慈的上帝以最公平的爱心来善待他的子民，他让每一个人都是空着双手来，又空着双手离开；他让每一个人都以同样的速度迎来日升日落、花开花谢。但是伟大的上帝并不能保证每一个都是像他希望的那样，快乐地过好每一天，幸福地过好这一生。

　　每个人对幸福都有自己的理解，每个人都有自己独特的幸福。你可以去作一个简单的调查，在大街上随便询问来往的过路人——幸福是什么？怎样才能得到幸福？相信绝不会有完全相同的答案。不同的人会从不同的角度出发，去定义自己的幸福和自己得到幸福的途径。对于那些没有完全解决温饱的人来说，吃饱穿暖就是幸福的；对那些因为贫穷而不能上大学的人来说，能进入大学校园去学习，就是一种幸福；而那些孝顺父母的人，则会把让父母安心舒适地度过晚年当做令自己幸福的事……

　　其实，主宰幸福的不是上帝，而是你自己，怎样选择完全在于一个观念，一个思路，一种态度，一种选择。很多事情我们无法改变，但是怎样选择对待人生的态度，完全决定了你的幸福指数。

现代社会中，大多数人都认为，拥有更多的财富能让自己过得更加快乐和幸福，因为那些可以用金钱换来的权利、名誉、奢侈的享受等能让他们的欲望在一定程度上得到满足；也有人认为，美满爱情、婚姻和家庭会令他们获得幸福，他们坚信幸福必须要靠自己去争取；还有人认为，他们的幸福和快乐在于阅读书籍、旅游休闲等，因为做这些事会让他们忘记心中的忧愁和烦恼。但现实往往不如想象得那么美好。很多时候，当我们真正得到自己梦寐以求的东西，本以为可以获得快乐和幸福时，幸福却又被一些新的东西所占据。比如，当很多人富裕之后会变得自私；当很多人获得美好的爱情之后，随之而来的婚姻却充满矛盾……这都会让人们无法享受到真正的幸福。

人们通常认为，自己的需求得到满足就是幸福，但事实往往并非这样。因为需求常常会转变为欲望，而欲望则是一个永远也填不满的黑洞。

如果对各种幸福的定义进行简单总结你就会发现，幸福不是现成的，它需要我们去努力追求。

我们只有先付出，才能获得真正的幸福。

我们从财富中获得了幸福，那是因为这些财富是我们用劳动换来的；我们从婚姻中获得了幸福，那是因为我们付出了自己的感情……

幸福也是一种态度，只要你拥有正确积极的态度，随时都能得到它。首先，如果你有正确积极的态度，你就会采取积极的行动，而积极行动的结果会令你感到幸福；其次，如果你的态度是正确积极的，那么你看待事物就会非常乐观，你懂得知足，你就能享受到幸福。

良好的个人品德是幸福的基础，只有诚实、善良、大度的人才能享受到真正的幸福和快乐。自私自利、心胸狭隘是幸福的敌人，如果一个人非常自私，他就会斤斤计较，总害怕自己会吃亏。他心里时刻都在计算利弊得失，总在为鸡毛蒜皮的事情而烦恼不已，永远也不可能快乐起来。

　　喜欢欺骗别人的人也得不到幸福和快乐。这种人往往用心险恶，总在通过各种方式欺骗和利用别人，总以为自己很聪明，其实常常是在自掘坟墓。他们得不到别人的信任，生活没有安全感，内心自然会非常痛苦。

　　一个人要想获得幸福和快乐，首先要树立正确的态度，培养良好的品质。

　　不要总是抱怨你的生活如何不幸福、不快乐，其实这都是你自己所作所为的结果，是你自己态度的体现。你的思想、你的态度、你的动机以及你最终的行动，对你的生活质量起着决定性的作用。就像地里的庄稼一样。幸福不是天上掉下来的，而是通过辛勤耕耘和劳作培育出来的。每个人所得到的幸福和快乐可能不一样，那是因为我们付出的劳动不一样，但都符合"一分耕耘，一分收获"这个大自然的法则。

生活有美丽的阳光，也有阳光下的阴暗。当我们以灿烂的心态面对阳光时，一切都变得阳光灿烂了，当我们以灰色的心态面对阴暗时，一切都变得灰色阴暗了。

幸福是一种精神状态，它与物质的拥有量并没有多大关系。真正的幸福是非常简单的，只要你的内心能与周围的一切保持和谐的关系，你就能获得幸福和快乐。

04 快乐的主宰不是上帝，
　　而是你自己

随着生活节奏不断地加快，每天总有做不完的事，除此之外，社会竞争的加剧，生活、工作、学业、家庭的压力已经压得人喘不过气。于是，在忙忙碌碌、浑浑噩噩间，快乐离我们的心越来越遥远。

其实，快乐还是不快乐，完全是自己的事情，这一点，上帝是无法主宰的。只要你愿意，你可以随时调换手中的遥控器，让心灵的视窗选择快乐的频道。只要你保持一个快乐的心，谁也阻止不了你因此而获得的幸福。

有这样一个小故事：在很久以前，在威尼斯的一座高山顶上，住着一位年老的智者，至于他有多老，为什么会有那么多的智慧，没有人知道，只是据说他能回答任何人的任何问题。

有两个调皮捣蛋的小男孩不以为然。有一天，他们打算去愚弄一下这个老人，于是就抓来了一只小鸟去找他。一个男孩把小鸟抓在手心一脸诡笑地问老人："都说你能回答任何人提出的任何问题，那么请您告诉我，这只鸟是活的还是死的？"

老人当然明白这个孩子的意图，便毫不迟疑地说："孩子啊，如果我说这鸟是活的，你就会马上捏死它，如果我说它是死的呢，你就会放手让它飞走。你看，孩子，你的手掌握着生杀大权啊！"

是的，我们每个人都应该记住这句话，我们每个人的手里都掌握着自己的快乐和幸福的生杀大权。

有一个女孩，长得不错，也有一份不错的工作，但她看上去总是很忧伤。

有一次，下班的女孩和往常一样乘地铁回家，人很多，一对情侣站在她的前面，他们亲热地相挽着，这个个子很高的女孩背对着她，高个子女孩的背影看上去很标致，高挑、匀称、活力四射，她的头发是染过的，是最时髦的金黄色，她穿着一条今夏最流行的吊带裙，露出香肩，是一个典型的都市女孩，时尚、前卫、性感。

他们靠得很近，低声絮语着什么，高个子女孩不时发出欢快的笑声。笑声不加节制，后来，他们大概聊到了电影《泰坦尼克号》，这时高个子女孩便轻轻地哼起了那首主题歌，女孩的嗓音很美，把那首缠绵悱恻的歌唱得很到位，虽然只是随便哼哼，却有一番特别动人的力量。女孩心里开始自卑起来，这一定是一个足够幸福和自信的人，才会在人群里肆无忌惮地欢歌。这样想来，她的心里便酸酸的，像我这样从内到外都极为普通的人、孤独无依的人，何时才会有这样的欢乐歌呢？

女孩打算看看那张美得倾城的脸上洋溢着幸福的样子。她在人群中吃力地挪到了他们的旁边，然而，她惊呆了，她看到的是一张被烧坏了的脸，用"触目惊心"这个词来形容也毫不夸张！可就是这样的女孩居然会有那么快乐的心境。

从此，这个忧伤的女孩开始变得快乐起来，因为她发现，其实没有什么大不了的事可以影响我们的心情。

世上没有绝对幸福的人，只有不肯快乐的心。而你是唯一可以掌握它方向的人。

生命的绚丽不在终结之后，而在燃烧过程之中。两千多年前孔夫子就十分焦虑地告诉人们："逝者如斯夫。"为了珍惜光阴，让人生活得有价值，他老人家对此更是提出了"发愤忘食，乐以忘忧"的警言。意思说得非常清楚：人生短暂，人人都应当珍惜。那么最积极的人生态度是什么呢？一是勤奋努力；二是乐观向上。

一颗快乐的心，必定是一颗勤奋的心，因为，人只有在勤奋的工作中才能体会到创造的快乐，同时也只有乐观豁达的人生观才能使人摆脱世俗的愁云惨雾。

无论何时，快乐都是自己的事情，只要愿意，我们完全有权自己选择自己的快乐，播种开心。

05 总有雨过天晴
的时候

　　雾挡住了太阳，模糊了我们的视野，使人的心情也像雾一样灰暗不明。许多人都因一大早见到雾而郁郁寡欢，但也有的人见到雾反而兴奋不已，因为他知道大自然的雾，日出便消散，雾后肯定是晴天。看见浓雾，他会自语："很快便要雾散日出。"同样是雾天，不同的是人的心态，乐观的人看到是雾后的天，悲观的人只见雾、不见天。

　　换一种心情去看雾，你会减少许多的忧愁和不必要的烦闷；换一种心态对待生活，你会收获许多的快乐。当我们因昨天与朋友闹一场误会而心头茫然时，应该立刻运用沟通的手段，让和解的阳光尽早出现。打个电话，发个短信或电子邮件，送一件表示歉意的礼物……你的所作所为都是天晴前的浓雾，慢慢地雾散了，朋友就会又回到了你身边。那种愉悦无以言表。

　　因此无论何时都应该想到雾只是薄薄一层，它后面有个太阳，又明亮又温暖，它会把雾收去，交给世界一个晴朗的天。

　　只有拥有阳光般的心态，才会拥有阳光般的生活。

一个人在工作或者生活不开心的时候，内心比较脆弱，所以很容易对他人产生不当的期待。我们时常在这种情绪低落的时候，把我们见到的每一个人都当成是我们的朋友，向他倾诉我们的不幸，并渴望获得安慰与同情。但是你是否想过：你的每个朋友都愿意听你诉苦吗？

对于每个人来说，随时遭遇无法预料的危机，本身就是一件很平常的事情。家里小孩生病、至爱亲友死亡、婚姻亮起红灯等，这些大大小小的问题都会使我们压力倍增，心力交瘁，精神疲惫，进而影响我们的情绪。

曾经有人说，这个世界上的每个人都是以自我为中心的，每个人的视角也完全是被自己先天或后天形成的思维定式所左右，所以每个人的注意力都不同，喜欢把注意力集中在自己感兴趣的事情之上。比如说，你们夫妻最近经常无端的发生口角，你察觉你和你太太的关系已经发生危机。而且也许这个时期又是公司最紧张的时候，你的业务也很繁重。在家庭和业务的双重压力下，你很容易陷入无奈情绪的陷阱，处于一个相当低落的时期。大多数人在情绪低落的时候，总是希望别人能给予关怀，对自己伸出援助之手。所以在这种情况下，稍不留神你就会失去自控力，家庭问题上的苦闷和事业的压力让你急需有人倾听你的感受，帮你发泄心中的郁闷和不满。

不是每个人都是我们可以信赖的朋友，而且每个人都有自己感兴趣的事情，你对他们倾诉一些你自己觉得催人泪下的事情也许并不会博得他们的同情，有时候反而会觉得你小题大做，没能力处理好一些简单事件等。

仔细想想，这种渴望引起别人的同情与注意的心理是一种小孩心态。我们都见过这样的画面：许多时候，当一个孩子摔倒以后，他并不是马上张嘴大哭，而是看周围有没有人注意他，如果有人的话，他就会惊天动地哭起来；若没有人，他一般就会无可奈何地爬起来，继续玩他的游戏。小孩子的这种把戏会让人觉得可爱好玩，但换作一个成年人呢？

　　大自然的雾消散很快，生活上的雾，在好心态的驱逐下，一样停留不了多久。当心情不好时，想想浓雾消散的过程吧。浓雾天，虽然向上空望不见太阳，但能看见它四周的银环，那是晴天的希望，你只需要想到阳光一定能穿透雾气照射大地，今天一定是个好天气。渐渐的环绕在太阳周围的雾气慢慢淡化，蓝天逐渐显现出来。又过了一会儿，云块儿也飞快地退去，万里无云的天空，闪闪发光的太阳出现在你面前，就会照亮你的心灵。

　　其实，每个人都会有不少烦心的事儿，大家也许都在"水深火热"中挣扎，何必总拿自己的不开心强加到别人头上呢？除非迫切需要帮助，否则即使是最好的朋友，也不要拉着人家陪你一起悲伤，还是自我调节为好。要相信雾后是晴天，黎明前的黑暗过去就是初升的太阳。

06 热爱金钱
和财富

　　随着现代社会的不断发展，人们对生活水平的要求不断提高。现实生活中，我们每个人都承认，金钱不是万能的，但没有金钱却又是万万不能的。人们的消费是永无止境的，当你拥有了自己朝思暮想的东西之后，你会渴望得到新的更好的东西。在现代社会中，金钱是交换的手段，金钱就是力量，金钱可用于做坏事，也可以用于干好事。

　　我们必须对金钱和财富保持一个正确的态度。我们要热爱它，只有这样才能获得更多，但不要沉迷于它，否则就会被它毁灭。

　　金钱能对提高我们的生活品质起到多大的作用，起到好的作用还是坏的作用，取决于我们花钱的方式，而不是我们到底拥有多少钱。我们热爱金钱是因为钱能赚钱，而赚更多的钱是个人价值的体现，追求个人价值的最大化又是人生最大的乐趣。从这个角度来说，金钱和财富应该是多数人的兴趣所在。

　　我们之所以要热爱金钱和财富，是因为它的确能给我们带来许多实实在在的改变和实惠。人类社会的发展历程表明，金钱和财富对社会和个人都是重要的，它能提高人们的生活品质，个人在创造财富的同时，也能为他人和社会作出贡献。

美国作家泰勒·希克斯在其作品中谈到："人们在拥有更多金钱之后，可以在以下方面获得改善：物质财富的拥有量；食物营养；居住环境；医疗水平；休闲娱乐；旅游；生活品质；退休后的经济保障；更多的朋友；更强的信心；更好地满足自身需求；更充分地表现自我；创造更多的价值（激发你取得更大的成就）；参与社会公益事业，奉献爱心。人们为了获得这些方面的改善，而热爱金钱，追求金钱。"由此可见，追求金钱也是一种伟大的理想，一种崇高的信念，一种实现自身价值的途径。

有一个名叫马登的美国孩子，在7岁的时候就失去了父母，他不得不自己去寻找食物和住处。后来，在一次偶然的机会他读到苏格兰作家斯玛尔斯的《自助》一书。在书中，马登了解到，斯玛尔斯也是从孩提时代就成了孤儿，但他最后找到了成功的秘诀，并获得了令人羡慕的成功。《自助》中传递出的激情的火花在马登的心中炽烈地燃烧着，他把赚钱和获得成功变成了自己心中的伟大信念。

后来，经过努力，马登开办了4家旅馆。经济状况得到改善之后，他又将4

家旅馆委托给别人经营，自己则把精力集中在写作上。他要写一本激励美国人的书，就像《自助》当年激励他一样。因为在他看来，当时的美国励志书籍非常缺乏，而创造精神产品不但难度相对较小，也容易赚钱。然而就在这时候，命运再次考验了他。

1893年，经济大萧条到来，马登的4家旅馆也在一场大火中被烧得精光，他即将完成的手稿也在大火中化为灰烬。但是，马登的态度非常积极，他并没有被这场大火烧去斗志。他审视着整个国家和自己，试图找出问题的根源所在。他很快发现，这场经济大萧条是由恐惧引起的。恐惧导致了股票市场崩溃、许多公司破产，使很多人失去了维持生计的工作。同时，天气的干旱和炎热又导致了农作物减产，粮食价格的上涨进一步加重了人们的恐慌情绪。

马登看到人们在物质和精神上的匮乏，觉得必须要激励自己的国家和人民，他告诉他的朋友说：“如果有什么时候美国最需要积极心态的帮助，那就是现在。”同时，他也意识到这场危机是一次重大的机会。根据经济规律，经济萧条之后必然会复苏，而自己要想发财，要想改变命运，就必须抓住这次难得的机会。

他重新开始写励志书。他在一个马棚里夜以继日地工作，每周只有1.5美元的生活费。他怀着对财富的追求和对写书的热爱，不知疲倦地坚持着。他把自己对金钱、对财富的信念融入书中，激励人们要保持信心，通过正确的方式去赚钱，以改变当前的经济窘境。一年之后，他的著作《向前挺进》得以出版，一经面世就受到广泛欢迎，被各年龄段的读者所喜爱。很多媒体都称他的书是当时美国最需要的精神食粮。随后，他的书被多次加印，还被翻译成10多种语言在世界各地发行，一个月之内销售量便达到300万册以上。而他自己，也因此成了一位千万富翁。

穷人穷在思想，富人富在思想，赚取金钱是一种思想观念，积累财富是一种态度，正确的思想观念和态度可以转化为金钱与财富。

如果你想拥有更多的金钱，并且不想被金钱所累，你就要培养正确的花钱与赚钱的思想，学会正确地处理财富，利用金钱去创造更多的价值，为自己和为别人创造幸福，而不是滥用金钱，把金钱当作满足贪欲的工具。

财富是人创造出来的，其本身是不具有生产力的。热爱金钱更要热爱自己，因为聪明的头脑、健康的体魄、强烈的兴趣、伟大的天赋、果断的执行力、顽强的毅力等才是财富的根本、财富的源泉。

07 拥有一颗
感恩的心

感恩就是对自己所拥有的一切抱有一种感激之情、一种满足感，包括对家庭的感恩、对工作的感恩、对生活的感恩，甚至是对国家、对社会的感恩。不管当前你处于怎样的生活境况，是贫穷还是富裕，是艰难还是顺利，我们都应为我们目前所拥有的一切表示感谢。感恩并不是说我们要满足于现状，不思进取，而是保持心情的愉悦，减少心灵的负担，以更加积极乐观的态度去面对生活。

现代社会的今天，各种关系日趋复杂，而老板与员工的关系更加微妙。曾听到过一些员工抱怨老板对自己过于严厉，总让加班之类的话，这让人纳闷，难道你对朝夕相处的老板总是耿耿于怀吗？难道老板没有给你一点恩惠，他给你的难道连一个陌生的过路人提供的帮助也不如吗？

你不要忘记，正是老板以及同事给你提供了工作岗位，给你提供各种发展的机会，他们了解你，信任你，支持你；老板给你指导和力量，给你同情和理解。另外你也看到了老板经营一家公司或一个部门是件复杂的工作，会面临种种烦恼的问题。来自客户、来自公司内部巨大的压力，随时随地都会影响老板的情绪。老板也是普通人，有自己的喜怒哀乐，有自己的缺陷。他之所以成为老板，并不是因为完美，而是因为有某种他人所不具备的天赋和才能。因此，首先我们需要用对待普通人的态度来对待老板。

老板并不奢望你对他回报太多。为什么我们能够轻而易举地原谅一个陌生人的过失，而对自己的老板和上司却耿耿于怀呢？为什么我们可以对一个陌路人的点滴帮助感激不尽，却无视朝夕相处的老板的种种恩惠，将一切视之为理所当然。如果我们在工作中不是经常寻找借口来为自己开脱，而是能怀着一颗感恩的心，情况就会大不一样。

羔羊跪乳，乌鸦反哺，动物尚且感恩，何况我们作为万物之灵的人类呢？我们从家庭到学校，从学校到社会，重要的是要有感恩之心。

在世界上，每一个人都会不同程度地获得别人的支持和恩惠，你应当用一颗真诚之心感谢这些帮助过你的人，感谢上帝的安排和恩赐！

有不少人总不能理解自己的老板和上司，认为他们严酷，没有人情味，甚至认为这种人际关系会影响个人的进一步发展和实现远大的抱负。他们对老板、对公司、对同事、对工作环境，总是有自己或这样或那样的不满意和不理解。

我们应该凡事要为他人着想，站在他人的立场上思考。作为一名员工，要多考虑老板的难处，给老板一些同情和理解，多给他一些支持和鼓励。当你试着待人如己，多替老板着想时，你身上就会散发出一种善意，影响和感染包括老板在内的周围的人。

同情和宽容是一种美德，如果我们能设身处地地为老板着想，拥有一颗感恩的心，或许能重新赢得老板的欣赏和器重。退一步来说，如果我们能养成这样的思考习惯，最起码我们能够做到内心宽慰。

今日的一些年轻人，自从他们来到世上，无时无刻不受到父母的殷殷呵护和世人的厚爱，他们对世界没有多少贡献，却牢骚满怀，抱怨不已，看这不对，看那不好，视恩义如草芥，只知仰承天地的甘露之恩，不知道回馈，岂不知他们内心贫乏到何种地步。

令人感动的是一些成熟而稳健的中年人，他们不辜负国家的栽培、老板的提拔、社会的造就，发挥所长，努力进取，贡献于社会；在家里是好父亲好丈夫，是家庭的顶梁柱；在公司是孜孜以求、勤勤恳恳、知恩图报的好职员……

一些优秀的员工，深知感恩的价值，他们会大声说："谢谢你！"让老板和同事知道他感谢众人对他的信任和帮助。这样可以增强公司的凝聚力以及增加老板和员工之间的亲密关系。

你是否想过，写一张字条给上司，告诉他你是多么热爱自己的工作，多么感谢在工作中获得的机会。这种极具创意的感谢方式，一定会让他注意到你。感恩是会传染的，老板也同样会以具体的方式来表达他的谢意，感谢你所提供的服务。感谢无极限，每当你的销售遭到拒绝时，你不应该感到失望，你应该感谢顾客对你做出的耐心解释，这样才会有下一次惠顾的机会。老板批评你时，应该感谢他给予的种种教诲。要知道，感恩不曾使你花去一分钱，却完成了一项重大的投资，对于未来有无法估量的助益！

感恩是一种发自内心的、真诚的情感，绝不是为迎合他人、为达到某种目的而表现出的虚情假意。与溜须拍马不同，感恩是真实的情感流露，是不求回报的。一些人从内心深处感激自己的上司，但是由于惧怕流言蜚语，而将感谢之情隐藏在心中，甚至刻意地疏离上司，以表自己的清白。这种想法是非常幼稚！假如我们深知，正是老板的苦心经营，才有今天的公司，也才有我们今天的职位，使我们有机会去发展，又何必害怕别人的评说呢？感恩不但对公司和老板有利，对于个人来说，感恩更会丰富人生的积淀。它能给自我一种深刻的感受，能够增强个人的魅力，开启神奇的力量之门，发掘出无穷的潜能。感恩也像其他受人欢迎的特质一样，是一种习惯和态度。

每个人的生活中都会有令人感到高兴的事情，也会有让人觉得失望或忧虑的事情。如果你懂得感恩，你的态度是正确而积极的，你就会更加关注那些令人高兴的事情；如果你态度消极，不懂得感恩，那么你就会将注意力集中在那些令人沮丧的事情上，这样就会出现更加糟糕的结果。

有时候，或许你的努力和感恩并没有得到相应的回报，当你准备辞职调换一份工作时，同样也要心怀感激之情。毕竟，每一份工作、每一个老板都不是尽善尽美的。在辞职前仔细想一想，自己曾经从事过的每一份工作，其实都为自己创造了积累一些宝贵的经验与资源的机会。失败的沮丧、自我成长的喜悦、严厉的上司、温馨的工作伙伴、值得感谢的客户……这些都是人生中值得学习的经验，值得珍藏到永远。

你怎样看待生活，生活就会怎样对待你。抱怨、忧虑……任何消极的行为都会导致更加糟糕的结果。学会感恩，感谢生活所赋予你的一切，不论是正面的，还是负面的，因为只要你能保持正确的态度，它们都能对你发挥积极作用。

08 活在
现在

人们总是习惯于将事情拖到明天再做，却没有想到今天、现在就是最好的行动时机。很多人效率低下的根本原因就是把自己的主要精力花在了回忆过去和幻想未来上，他们对过去的糟糕情况感到后悔，对未来充满疑虑和恐惧，而很少去想或根本不想如何充分地把握和利用好现在。其实，这本身就是一种非常严重的消极态度。

我们听凭过去的麻烦和未来的担心困扰着我们此时此刻的生活，以致我们整日焦虑不安，委靡不振，甚至沮丧绝望。而另一方面我们又推迟我们的满足感，推迟我们应优先考虑的事情，推迟我们的幸福感，常常告诉自己"有朝一日"会比今天更好。不幸的是，如此告诫我们朝前看的大脑动力只能机械地重复来重复去，以致"有朝一日"永远不会真正来临。约翰·列侬曾经说过："生活就是当我们忙于制订别的计划时发生的事。"当我们忙于制订种种"别的计划"时，我们的孩子在忙于长大，我们挚爱的人离去了甚至快去世了，我们的体型变样了，而我们的梦想也在悄然溜走。总之，我们错过了生活。

昨天已经过去，我们无法左右；明天还没到来，变化难以预测。我们唯一可以做到的就是把握今天，活在当下。活在当下是对过去经验最好的利用，也是开创未来的唯一途径。戴尔·卡耐基说过，创造美好未来的最佳办法就是集中你所有的精力、智慧、热情，努力地完成好今天的任务。

若要克服恐惧心理，最好的方法便是学会将你的注意力集中在此时此刻。马克·吐温说过："我经历过生活中一些可怕的事情，有些的确发生过。"我想我说不出比这更具内涵的话。经常将注意力集中在此情此景、此时此刻，你的努力终会有丰厚的回报。

一个人要想真正改变自己的态度，就要从今天开始改变，从每一件事做起，不要有那么多的顾虑，不要把想法只停留在头脑当中，更不要把想法推到明天。如果以这样的态度去改变，永远都不可能真正改变自己的消极态度，因为这种态度本身就很消极。

09 按下生活
   的"暂停键"

"你有几个小钱，但你并不幸福；你开始喜欢轻音乐，而远离曾经热衷的摇滚；你的兴趣明显地减少……当你符合上面这些症状时，你已经老了。"

提起这句话，你是否觉得你也老了？

从早到晚地忙，究竟是为什么？忙本身就代表着幸福吗？你真的幸福吗？

也许在日复一日的忙忙碌碌的日子里，我们已经麻木了，甚至忘记了我们究竟想要什么样的生活。

为什么不"停下来"认真地思考一下？可你说"我停不下来了"，你说你在这冷酷的现实里，像个不停旋转的陀螺，拼命工作、小心翼翼地盘算自己的前程。生活，按部就班，波澜不惊。

那么，有没有想过为生活按一下"暂停键"？放慢步伐，为自己放个假，也认真审视一下自己走过的路，为接下来的生活调整方向。哪怕是陀螺，也要做只清醒旋转着的陀螺。

生活中充满了很多暂停和重起，重起的代价有时候太大了，那就按下生活的"暂停键"吧，给自己点时间去思考、去体验。

我的朋友林曾经在部队服役八年，退役后，在朋友的资助下，开了一家小公司。生意不错，短短的两年里，赚了几十万，不是大富，生活已绰绰有余。我们都以为30多岁的他该买房、置业，娶个老婆，享受常人眼中的那种幸福生活了。但出乎我们的预料，在一次聚会上，他宣布把公司委托一个朋友，自己要去旅行。他说："这件事我考虑了一整天，然后，我觉得我的生活已经不成问题了，我需要按一下暂停键，去追寻自己作为一个旅行家的梦想。"

于是，他背上简单的行囊，踏上了向往已久的旅程。从北京出发的那天，他豪情万丈，立志要走遍千山万水，钱不花完不还乡。从遥远的新疆，到辽阔的雪域高原西藏，到处都留下了他的足迹，他把那些美丽的风光用摄像机记录下来，传给我们。

两个月后，他回到北京，宣布自己将再次投入到他的公司事务中。我们很诧异，不是说钱不花完不回家吗？怎么这么快就回来了？他说他确实是把钱花完了，在云南的一个风光美丽的少数民族村落，他看到贫困的孩子们在漏雨的教室里上课，他说他心酸了，把十几万元钱留在那里，让他们盖一所小学校，然后，他就回来了。他说："我要好好做生意，多赚一些钱。然后，再出去游览四方，特别是那些贫困地区。我不能看着那么多孩子没处上学。"

林在一次偶然的远行中重新树立了自己的人生目标，如果没有这次"暂停"，也许他依然会过得很潇洒，可是有了这次远行，让他树立了一种责任感。

生活中，每个人都在追求自己想要的东西，以为追求到了，自己就幸福了。可是很快又觉得自己的生活那么平淡，就像一杯白开水，索然无味。

我们如此辛苦如此忙碌，到底想要什么？仅仅是物质需求吗？在每天的忙碌之后，关于这些问题，你可曾静下心来思考过？也许我们什么也没有做，因为我们有太多的压力，太少的时间，以及对物质的无止境的追求。

生活中的你，是否曾驻足，伸手揽住自己的时间？有没有问一问自己，你所拥有的时间到哪里去了？又是否想过，过去的时间给你留下些什么，而在未来的时间里你又将创造些什么？

我们的时间，如一条平静的河流，悄无声息地流淌着。她是那样的从容，安详，以至于我们感觉不到她的流动。但是我们却一直在拼命地奋斗着，追求没有止境……

我们也许真的太忙，那就按下生活的"暂停键"吧，即使是"偷得浮生半日闲"也好，给自己一点时间思考，也许另一个精彩的世界正在等着你去发现。

10 幸福生活
的建议

    我们有了追求事业成功的心态，有了追求幸福生活的心态。事业成功是需要付出很多努力才能实现的，事业成功无疑是幸福生活的一部分。但是，在没有取得事业成功之前，我们也完全可以过一种幸福的生活。幸福的生活其实也是一种心态。那么，怎样才能真正地拥有幸福生活呢？

    1.犯错没关系。

    没有人从不犯错。即使犯了错，我仍然是一个优秀的有价值的人。犯错后，也没有必要惴惴不安。我们一直都在努力，即使犯了错，还是会继续努力。要正确对待错误，别人犯错也没什么大不了的。既然我们能接受自己犯错，也就能接受别人犯错。

    2.并非人人都得爱我。

    不是每个人都得爱我，或者喜欢我。我也不必喜欢我认识的每一个人。我很乐意被人喜欢或被人爱，但如果有人不喜欢我，我依然会活得很好，也觉得自己很好。我不能强求别人喜欢我，正如别人也不能强求我喜欢他。我不需要总是被认可。即使有人不认同我，我仍然会活得很好。

3.不必事必躬亲。

如果事情与我所想象的不同，我也照样生活。我会接受事情本来的样子，接受人们本来的面貌，也接受真实的自我。如果事情不能照我想要的那样发展我也不会感到不安。我没有理由必须喜欢一切事物。但即使我不喜欢它，也能与之共存。

4.对自己的每一天负责。

我对自己的感觉和自己所做的事负责。没有人能左右我的感觉。如果我浑浑噩噩地过了一天，是我对自己的放任；如果我某天过得很充实，是自己态度积极，应受嘉奖。其他人没有义务做出改变来让我感觉更好。因为我才是掌握自己命运的人。

5.出了问题我能解决。

我没有必要时刻担心事情会出错。事情一般都会顺利进行，就算不能顺利进行时，我也能很好地处理。我不需要把时间浪费在不必要的担忧上。天不会塌下来，一切都会好的。

6.我能行。

我不需要别人来帮忙处理问题，我能行。我能照顾好自己，能自己做出决定，能独立思考。我不需要别人来照顾我。

7.我能随机应变。

一件事的做法不只一种，不只一个人有切实可行的好办法，也没有哪一种方法是万全之策。每个人都有自己的想法。有些可能对我更有帮助，每个人的观点也都有可取之处，我能随机应变处理好自己的事情。